U0251677

生物学中的功能语言研究

喻莉姣／著

四川大学出版社

项目策划：徐　凯
责任编辑：徐　凯
责任校对：毛张琳
封面设计：墨创文化
责任印制：王　炜

图书在版编目（CIP）数据

生物学中的功能语言研究 / 喻莉姣著. — 成都 : 四川大学出版社, 2020.6
ISBN 978-7-5690-3758-6

Ⅰ. ①生… Ⅱ. ①喻… Ⅲ. ①生物学—功能（语言学）—研究 Ⅳ. ① Q-05 ② H0-05

中国版本图书馆 CIP 数据核字 (2020) 第 109059 号

书名　生物学中的功能语言研究

著　　者	喻莉姣
出　　版	四川大学出版社
地　　址	成都市一环路南一段 24 号（610065）
发　　行	四川大学出版社
书　　号	ISBN 978-7-5690-3758-6
印前制作	四川胜翔数码印务设计有限公司
印　　刷	成都金龙印务有限责任公司
成品尺寸	170mm×240mm
印　　张	9.25
字　　数	149 千字
版　　次	2020 年 8 月第 1 版
印　　次	2020 年 8 月第 1 次印刷
定　　价	42.00 元

扫码加入读者圈

◆ 读者邮购本书，请与本社发行科联系。
电话：(028)85408408/(028)85401670/
(028)86408023　邮政编码：610065
◆ 本社图书如有印装质量问题，请寄回出版社调换。
◆ 网址：http://press.scu.edu.cn

四川大学出版社
微信公众号

目　　录

绪　论

一、研究背景和意义

在生物学领域中，使用功能语言的情况是广泛存在的。例如，把不同生物具有搏血功能的器官都归为心脏这个自然类，就体现了功能语言的描述作用；而用心脏具有搏血功能来解释心脏的存在，则体现了功能语言的解释作用。功能语言作为科学语言的合法性以及自主性等问题备受科学哲学家的关注。

功能描述作为事实陈述，通常不会引起太多的争议。而依据功能对生物特征进行分类，在科学哲学领域就有许多争论。尼安德（Karen Neander）在《作为选择效应的功能》（*Functions as Selected Effects*）（1991）中认为，生物学中的功能语言主要是关于选择功能（selective function）的，因而关于生物机体组成部分的分类都是根据选择功能作出的。她的这种观点被称为功能扩张论（functional revanchism）。格瑞菲斯（Paul Edmund Griffiths）在《分类学分类和功能解释》（*Cladistic Classification and Functional Explation*）（1994）中主张功能简约论（functional minimalism），按照这种观点，生物学中的功能语言主要是关于因果功能（causal function）的，根据因果功能，生物学中的功能语言只能对各种结构和性状给出直接描述，不能作为对生物体组成成分进行分类的依据；只有同源（homology）才是这种分类的依据。对生物学特征进行分类是依据功能还是依据同源？这就产生了功能扩张论与功能简约论之争。如果主张功能简约论，则在生物特征分类中功能语言就不具有合理性；如果主张功能扩张论，则又不能如实反映生物学分类实践。功能扩张论与功能简约论之争得不到解决，则生物学在分类实践中的分类方法的合理性就得不到说明，这将影响生物学学科内部研究方法融贯性的说明。

此外，按照普特南（Hilary Putnam）和克里普克（S. A. Kripke）的新本质主义观点，自然类是由微观结构来定义的；而依据功能对生物特征进行分类，其实质是用功能描述来定义自然类，这就遇到了描述论与本质论的争论问题。在自然类问题上，描述论与本质论之争也是科学哲学家所关心的问题，但目前关于这一争论的研究大多是从语言哲学的角度，通过区分涵义和指称来尝试提出解决方案，要么为描述论辩护，要么为本质论辩护。然而，以生物学特征分类活动为例，存在生物学家有过基于功能来对生物组成部分进行分类的情况；即使在今天，对生物组成部分的分类也并不完全排斥微观结构标准，例如在区分生物大分子和一些生物化学过程时，生物学家通常是根据分子的结构来分类的。现有的关于描述论与本质论的研究都未能恰当反映生物学分类实践。

功能解释主要是用某种结构的功能来解释它的存在。功能解释要么被认为遵循演绎律则模型而被归入科学解释的范畴，要么被作为“事后聪明”而被排除在科学之外。若按前一种观点，功能解释没有存在的必要；若按后一种观点，功能解释对于增进我们的知识没有什么贡献。如此一来，功能解释似乎陷入了两难之境。现有的研究主要有两派：一派认为功能解释遵循演绎律则模型，如格鲁纳（Rolf Gruner）、维姆萨特（William C. Wimsatt）、亨普尔（Carl G. Hempel）等；另一派认为功能解释与正统科学解释最大的不同在于功能解释并不要求使用普遍定律，如格瑞斯蒂（Harold Greenstein）。格瑞斯蒂将语境考虑进解释中，并将功能解释定位在说明某物对于维持某个状态的“价值”上面，以此来为功能解释进行辩护。对生物学中有无普遍定律的问题至今仍有较大争议，故而将功能解释的科学性建立在认为功能解释遵循演绎律则模型的观点上并不明智。将功能解释的合理性归于“价值”层面，似乎也抹杀了生物学中功能解释的实际意义。功能解释的合理性问题仍有待解决。

关于功能解释能否还原为规律解释的讨论，也对理解功能解释问题有所帮助。生物学中的功能解释常与目的性相关，因而被认为是目的论解释，独立于物理—化学。功能解释是否能够还原为规律解释呢？如果能够不损失内容地将功能解释还原为规律解释，那么功能解释就没有存在的必要，生物学的自主性也将遭受质疑。功能解释的还原论者通常用因果解释来替代功能解释，但他们没有意识到这种替代会损失内容（如目的性）。功能解释的自主论者将功能解释的自主性归于目的性，但他们忽略了生物学中包含非目的性的功能解释，对非目的性的功能解释能不能被还原为因果规律解释没有作出说明。

功能语言在生物学中的许多作用还不能被完全取代，必须分清其使用情况以及适用范围。本书的研究意义主要体现为两大方面：一是有助于解决科学哲学领域有关自然类的描述论与本质论之争、扩展对解释类型多样性的认识、澄清功能解释的还原论与自主论之争；二是探索适合生物学理论的语言框架和建构理论生物学体系的基础性工作，对理论生物学的发展有较为重要的意义。

二、国内外研究历史和现状

自20世纪50年代以来，科学哲学家们关于生物学中功能语言的研究主要集中在以下几个方面：功能概念的意义、依据功能的生物学分类、功能解释的类型及其自主性、功能解释的逻辑以及还原等问题。

（一）生物学中功能概念的意义

在生物学中被广泛使用的功能陈述，有些预设了某种目的，也称作目的论陈述；有些则不预设任何目的，也就是狭义的功能陈述。迈尔（Ernst Mayr）在《生物学思想的发展》一书中区分了四种“目的性”，即程序目的性活动（teleonomic activities）、规律目的性过程（teleomatic processes）、业已适应的系统（adapted systems）和宇宙目的论（cosmic teleology）。实际上，按照迈尔对这些“目的性”的分类，只有预设了宇宙目的论的陈述才是目的论陈述，而其他三种目的性的陈述都属于功能陈述。乌特尔（Arno G Wouters）在《生物学功能的四种概念》（*Four Notions of Biological Function*）（2003）和《哲学中的功能争论》（*The Function Debate in Philosophy*）（2005）等文中将功能语言分为关于活动（activity）的、生物学作用、生物学优势和选择效用。

迈尔和乌特尔对功能语言的总结较为全面，但有遗漏之处，在某些情况下生物学中还会使用倾向性的功能语言，如毕格罗（J. Bigelow）等人在《功能》（*Functions*）（1987）一文中就认为，一个特征的功能并不是由过去的历史来决定的，而是由拥有该特征的有机体的未来决定的。也就是说，一个特征的功能应归因于拥有它的有机体在未来（可能）的生存。按照毕格罗给出的定义，当一个特征强化了所在生物体的生存倾向时，这个特征才被定义为具有功能。毕格罗将功能与拥有它们的生物体的适合度联系在了一起，那些对于适合度增加具有贡献倾向的特征才能被定义为功能。

沃尔什（Denis M. Walsh）在《功能的一个分类》（*A Taxonomy of Functions*）（1996）中还提出了关系功能（relational function）：涉及选择性状态 R 的类型 X 的一个表征的一个进化功能是运行 m，当且仅当，如果在 R 中，X 正在运行 m 明确地（显著地）有贡献于拥有 X 的个体的平均适合度。当选择性状态 R 是一个过去的状态时，功能就是历史性的；当选择性状态 R 是一个目前的状态时，功能就是当前的。但这种定义中对“选择性状态 R”的判定实际上还是离不开前因论的功能理论所依赖的“最近的选择历史”。此外，迈克朗夫林（Peter Mclaughlin）在《功能解释什么：功能解释与自繁殖系统》（*What Functions Explain: Functional Explanation and Self-reproducing Systems*）（2001）一书中提到了负反馈功能。

生物学中对功能语言的使用虽多，但至今没有较为系统、全面的概括。本书在整理以上文献的基础上，对生物学中各种不同的功能语言进行概括和总结。

（二）功能语言的描述作用

在生物学中，功能语言的描述作用多体现在对生物特征的分类中。其中主要有两个问题是本书所要讨论的：一是功能语言是否作为生物特征的分类依据，二是如何定义作为生物学特征分类依据的功能。

关于第一个问题，按照普特南和克里普克的新本质主义观点，自然类是由微观结构来定义的。如普特南的《心灵、语言和实在》（*Mind, Language and Reality*）（1975）、克里普克的《命名与必然性》（1940 年著，中文译本由上海译文出版社 2005 年出版，梅文译）。在生物学中，一个物种是一个自然类。按照普特南和克里普克的观点，似乎应当用基因结构来定义物种这样的自然类。这种划分自然类的标准显然并不适用于物种分类的实践。20 世纪 70 年代，基色林（M. T. Ghiselin）和霍尔（D. Hull）等人提出了“作为个体的物种”概念。他们一方面强调物种不能被看成自然类（natural kind）或由定律式的原则和基本性质来定义的集合（set）与集体（class），不存在能够把一些个体划分到一个类群的必然规律；另一方面，强调物种是自然个体（natural individual），也就是说物种有确定的时空限制，同时，由于系统演化而使不同物种之间存在着历史关系。如基色林的《对物种问题的根本解决》（*A Radical Solution to the Species Problem*）（1974）、霍尔的《基茨和凯普兰关于物种》（*Kitts and Kitts and Caplan on Species*）（1981）等。如何划分自然类，到目前仍没有一个统一的说法，这些文献有助于我们了解自然类的各种划分标准，是探讨生物学特征分类的基础文献。

最近20多年，生物学哲学家们又试图把这种自然类划分的历史性标准应用于对生物体组成部分和过程的分类。在这些生物学哲学家看来，本质主义的微观结构标准不仅对于物种的划分是错误的，即使对于生物有机体的结构分类也是不合适的。生物学家通常要根据功能对器官或其他层次的性状进行分类，也要根据同源关系来进行这种分类。如果把功能解释为因果效应，则功能的分类标准并没有体现出历史性；如果没有相关的系统发育知识，同源的分类标准就不能使用。该怎样概括生物学中对生物体组成部分的分类实践呢？前已提及，尼安德主张功能扩张论（functional revanchism），格瑞菲斯主张功能简约论（functional minimalism）。尼安德与格瑞菲斯的争论为笔者概括生物学中对生物体组成部分的分类实践提供了一个切入点，在已有的实践中，生物学家对生物组成部分和过程的分类大都反映了同源关系。这表明格瑞菲斯的主张更贴近生物学的实践。但是，依据选择功能和依据同源关系的分类具有重叠之处，格瑞菲斯没有对此给出说明，也没有指出功能扩张论的错误根源。

关于如何定义作为生物学特征分类依据的功能，其实涉及“本征功能”（proper function）的定义问题。20世纪中叶到90年代，学者们大多通过语义分析以期给出功能一个统一的定义，如贝克勒尔（Morton Beckner）、怀特（Larry Wright）、波尔斯（C Boorse）、卡敏斯（Robert Cummins）、肯菲尔德（John V Canfield）等。然而，这一时期的学者在定义“功能”时，很难解决偶然性以及附带功能问题。密立根（Ruth Garrett Millikan）试图从另一个角度来解决偶然性以及附带功能问题，即定义本征功能，而不是定义功能，以期避免偶然性以及附带功能问题。她在《语言、思想与其它生物范畴：新的实在论基础》（*Language, Thought and other Biological Categories*）（1984）一文中采用“本征功能”（proper function）和“繁殖”（reproduction）的概念来发展一个功能的“生物学语义”，但这会遇到三个困难：它排除了新的有用的特征；可能包含形式上有用但现在无用的特征，以及“沼泽人”的反例。尼安德（Karen Neander）在《作为选择效应的功能》（*Functions as Selected Effects*）（1991）一文中尝试用选择史来定义本征功能，但也会面临种种困难，如：在进化论中，一个性状获得一个新功能，同时具有这个性状的群体规模实际减小了；退化性状问题；无生育能力的骡子的心脏有无功能问题等。格瑞菲斯在《功能分析和本征功能》（*Functional Analysis and Proper Function*）（1993）一文中对尼安德的本征功能定义进行了改进，这虽解决了尼安德定义中遇到的部分困难，但格瑞菲斯也会有自己不能避免的困难。

毕格罗等人很早就提出了倾向性的功能理论的方案，与前因论的功能理论相反，他们认为，一个特征的功能并不是通过过去的历史来决定的，而是通过拥有该特征的有机体的未来决定的。但倾向论会遇到生物拟态的反例，并且不能说明功能障碍的问题。沃尔什尝试将前因论与倾向论功能统一在一个定义框架内，使其互补，以此来定义功能，他在《功能的一个分类》（*A Taxonomy of Functions*）（1996）中论述了关系功能（relational function），但这种定义中对“选择性状态 R”的判定实际上还是离不开前因论的功能理论所依赖的“最近的选择历史”。纳奈（Bence Nanay）在《功能的模态理论》（*A Modal Theory of Function*）（2011）一文中提出模态功能定义，然而模态理论也会遇到困难：在“相对接近”的可能世界中，每一个可能世界里都可能有一种对某适合度构成贡献的潜在功能，这会造成“各种潜在功能的激增”[①]。功能的模态理论将模态引入了功能定义，如何判定“相对接近”的可能世界则依赖于实际的语境。这种定义虽存在困难，却将语境因素引入了“功

---

① 赵斌：生物学中的功能定义问题研究［J］. 山西大学学报（哲学社会科学版），2012，35（6）：12.

能”定义，为我们从语境角度探讨功能语言问题提供了启示。

（三）功能解释

对功能语言的解释作用的讨论涉及两个重要问题：功能解释的逻辑以及功能解释如“最适者生存”的同义反复问题。关于功能解释的逻辑，一部分学者如格鲁纳、维姆萨特、亨普尔等认为功能解释遵循演绎律则模型，分别见于《目的论和功能解释》（*Teleological and Functional Explanations*）（1966）、《目的论和功能陈述的逻辑结构》（*Teleology and the Logical Structure of Function Statements*）（1972）、《功能分析的逻辑》（*The Logic of Functional Analysis*）（1968）。不同的是格鲁纳和维姆萨特认为遵循演绎律则模型的功能解释是科学解释，而亨普尔对功能解释的合理性所持态度如下：要么把功能解释看作符合覆盖律模型的解释，要么承认功能解释只是“事后聪明”。亨普尔通过分析指出，将功能解释作为符合覆盖律模型的解释不能避免附带现象以及面临替代物问题，故而他质疑功能解释的合理性，而认为功能解释只是“事后聪明”。

另一部分学者如格瑞斯蒂在《功能解释的逻辑》（*The Logic of Functional Explanations*）（1973）一文中认为功能解释不应被看作与D—N、I—S模型相似的解释。功能解释具有自己的特点：功能解释带有意向性；功能解释中使用的“必要性”不同于逻辑“必要性”；功能解释不要求使用普遍定律。他将语境考虑进解释中，并将功能解释定位在说明某物对于维持某个状态的“价值”上面，以此来为功能解释辩护。

关于“最适者生存”的同义反复问题。要解决这一问题，首先要弄清楚什么是适应。关于适应概念的定义很多，但归结起来主要有两类，正如古德（Stephen Jay Gould）和维伯（Elisabeth S. Vrba）曾指出的：一种是“一个特征是一个适应，仅当，这个特征是为了现在所表现的功能而通过自然选择被建立的”，另一种是“用静态或即时的方式将适应定义为任何提高当前适合度的特征，而不考虑历史起源”。前一种将适应与自然选择联系在一起，如达尔文《物种的起源》（1859年，中文译本见商务印书馆2009年版）、威廉姆斯（G. C. Williams）《适应与自然选择》（*Adaptation and Natural Selection*）（1966）。然而对“自然选择”的理解本身就具有含糊性，所以这种定义方式对澄清“最适者生存”的同义反复问题帮助不大。后一种是用适合度来定义适应，而适合度的概念有两种完全不同的意义——个体（性状）与环境的关系和对一种类型的统计结果。如索伯（E. Sober）的《适合度的两面》（*The Two Face of Fitness*）（2001）、马特恩（Mohan Matthen）和艾瑞（A. Ariew）的《适合度和自然选择的两种方法》（*Two Ways of Thinking About Fitness and Natural Selection*）（2002）等。适合度的倾向解释试图把这两种不同意义合并为一个概念，如布兰顿（R. Brandon）的《适应与环境》（*Adaptation and Environment*）（1990）、彼蒂（J. Beatty）的《适合度的倾向解释》（*The Propensity Interpretation of Fitness*）（1979）等。“最适者生存”是不是同义反复取决于我们如何定义适合度以及如何估计适合度的值。

（四）最佳解释推理

功能解释是用结构或功能来解释某一现象的存在，即从结果推出原因，这实际上是一种回溯推理（abduction）。由于导致结果的原因可能有多种，回溯推理是在这些原因中选取一种最好的原因，也可称为最佳解释推理（inference to the best explanation，下文简称 IBE）。如果最佳解释推理的合理性得到辩护，则功能解释的合理性也就得到了辩护。

皮尔士（Peirce C S）在《皮尔士论文集》（*Collected Papers of Charders Peirce*）（1958）中讨论了回溯推理的模式。汉森（N. R. Hansen）1958 年出版《发现的模式》一书，发展了皮尔士的回溯推理概念。江天骥扩展了这一概念，增加了背景知识在推理中的作用。关于如何选择一个解释作为最佳解释推理，哈尔曼（Gilbert H. Harman）在《最佳解释推理》（*The Inference to the Best Explanation*）（1965）一文中提出过几条标准，即看哪一个假设更简单、更合理、更有解释力及更少的特设性假说。萨加德（Paul R. Thagard）在《最佳解释推理：理论选择的标准》（*The Best Explanation：Criteria for Theory Choice*）（2000）一文中在认同这几条标准的同时进行了改进，提出他的选择最佳解释推理中的假设的三条标准，即一致性、简单性和类比性。最佳解释推理由于具有回溯的特点，从演绎逻辑上来看是一种无效的推理，利普顿（Peter Lipton）在《最佳说明的推理》（中文译本由上海科技教育出版社 2007 年出版，郭贵春、王航赞译）一书中为这种最佳解释推理作了辩护。对利普顿来说，一个假设所提供的理解力可以指导判断该假设真伪的过程，但该假设的理解力和它的真伪是两种本质上不同的认知状态，遵从不同的认知规范。但利普顿的这种辩护也会遇到很多困难，黄翔在《里普顿的最佳说明推理及其问题》（2008）一文中，尝试把假设的可靠性隐含地当作 IBE 中的缺省理由，以此来解决 IBE 所遇到的问题。如果黄翔的这种尝试能够成功，那么 IBE 就得到了辩护，从而功能解释作为一种 IBE 也就得到了辩护。

（五）功能解释的还原问题

关于功能解释的还原问题在西方学者中有激烈的争论，以内格尔（Ernest Nagel）为代表的一派学者认为功能解释是可还原的，这种解释没有存在的必要，如内格尔的《科学的结构》（中文译本由上海译文出版社 2005 年出版，徐向东译）。内格尔用 D—N 模型解释来还原功能陈述，但他的还原是存在问题的。另一派学者以阿耶拉（Francisco J. Ayala）为代表，认为目的论解释（生物学功能解释之一）是不可还原的，如阿耶拉的《作为一种自然科学的生物学自主性》（*The Autonomy of Biology as a Natural Science*）（1972）和《目的论解释》（*Teleological Explanations*）（1998），他主张生物学中的目的论解释是不能在不损失任何内容的情况下被其他解释替换的，他给出了目的论解释的定义，并给出了目的论解释的三个适用范围和在适用范围中使用目的论解释的严格限制条件。阿耶拉的这种对目的论解释的理解是一种非统一理论的解释理解，即不是用一个理论涵盖所有现象，而是针对某些现象提出可用于解释的理论，这与内格尔的统一理论思想是有很大不同的，但阿耶拉对于目的论解释适用范围的详细说明仍存在问题。

国外有些学者并不单独讨论功能解释的还原问题，而是讨论不同种类的功能解释的解释作用。密立根在《功能概念的歧义》（*An Ambiguity in the Notion "Function"*）（1989）一文中认为选择功能解释只告诉我们历史的原因、暂时的原因；而因果功能解释告诉我们目前的原因，这两种功能解释并无对立关系，只是解释方法不同。隆布罗佐（Tania Lombrozo）在《功能解释和解释的功能》（*Functional Explanation and the Function of Explanation*）（2006）一文中通过 5 组测验，认为人们接受目的论解释的条件是：功能解释作为一种因果作用解释。苏斯塔尔（Predrag Sustar）的《新功能分析：关于因果作用功能的系统发育限制》（*Neo-Functional Analysis*：*Phylogenetical Restrictions on Causal Role Functions*）（2006）一文从不同的解释层次来讨论因果解释与进化解释。这些文献为笔者提供了从不同种类功能解释来探讨功能解释的适用范围的思路。

国内学者对功能解释的自主性问题也有探讨，如董国安在《生物学解释的限度》（1999）一文中对生物学解释的限定因素作了论述；其另一篇文章《生物学中的目的论与赝功能解释》区分了功能解释和赝功能解释，提出识别赝功能不是根据功能的定义，而是根据所提出的问题和解答目标。李金辉的《科学解释的语境相关与生物学解释的多样性》（2000）及《生物学解释模式的语境分析》（2010）这两篇文章认为解释不是无前提给出的，而是依赖于解释主体。语境是由解释主体的文化教养和知识训练决定的。黄正华的《目的论解释及其意义》（2006）认为在目的论解释的领域，只要还原论方法有用，它总是让位于演绎解释。目的论解释虽然满足了人类理智的兴趣，但难以对人类实践活动产生与演绎解释一样的积极作用。黄正华的观点过分低估了目的论解释的作用，但他的文献给笔者提供了关于目的论解释限度的启示。李建会的《功能解释与生物学的自主性》（1991）和《目的论解释与生物学的结构》（1996）两篇文章认为目的论解释和功能解释有其自主性，特别是在后一文中李建会指出在我们没有完全作出非目的论解释之前，我们不能完全抛弃目的论解释，因为生物机体是无限复杂的，完全的描述不可能；即使我们完全作出非目的论解释之后，我们也不能完全抛弃目的论解释，因为理论需要简单性。在这些文献中，“解释限度”以及“解释与语境相关”的思想对笔者影响较大。

三、本书的创新之处

第一，在整理和总结有关生物学功能语言的使用的基础上，从功能生物学、进化生物学和高等动物的行为心理三个方面总结出七种生物学功能语言，并逐一分析了各种不同功能语言的特征，系统梳理前人的研究。

第二，在区分七种不同的生物学功能语言的前提下，讨论生物学中功能语言的两大作用，即功能描述与功能解释中的若干问题。这一讨论视角是之前的学者所忽视的。

第三，澄清功能扩张论与功能简约论的争论焦点，创新性地提出了有关分类活动包含定义和鉴定两个环节的观点。按照这一观点，功能描述是依赖经验的，因而用描述特征来鉴定一个自然类是可错的；而为某种生物组成部分或过程规定某种本质却是在下定义，是先验的。描述论的问题在于经常用定义特征作为类的描述特征，本质论的主要问题则是经常把描述特征当成定义特征。本书区分了生物学中功能描述的两种情况：功能既可以作为描述特征，也可能被作为定义特征。这就解决了功能扩张论与功能简约论的争论。

四、主要研究内容

第一章讨论生物学功能语言的种类，从功能生物学、进化生物学和高等动物的行为心理三个方面来总结七种生物学功能语言，即生物学作用、负反馈陈述、倾向性、生物学优势、选择效用、生态适应以及意向性陈述。生物学作用功能与负反馈功能多出现在功能生物学中，反映一种因果作用或因果机制，暂且将二者统称为因果功能；倾向功能、生物学优势功能、选择效用功能以及生态学适应功能多出现在进化生物学中，暂且将这四种功能陈述统称为进化功能。因果功能与进化功能有不同但也相互关联，厘清这一点有助于区分不同的功能陈述以及功能解释。生物学学科的多样性、解释的层次性与语境的不同决定了生物学功能陈述的多样性。

本书指出，生物学中功能语言有两大作用，即描述作用和解释作用。功能描述作为事实陈述，通常不会引起太多的争议。而依据功能（用于分类的功能语言也称为本征功能）对生物特征进行分类，在科学哲学中就有许多争论。因此，第二章主要讨论功能作为鉴定特征和定义特征的问题。生物学中除了依据功能对生物各组成部分进行分类外，也要根据同源关系进行分类。例如，尽管人类的阑尾已经没有了消化功能，我们仍然把人类的阑尾与食草动物的阑尾归为一类，因为它们来自共同祖先的同一个解剖构造。生物学特征分类的依据究竟是“功能”还是“同源关系”呢？这取决于如何理解用于分类的“本征功能”。尼安德认为，生物学中的功能语言主要是关于选择功能的，关于生物机体组成部分的分类都是根据选择功能作出的。她的这种观点被称为功能扩张论。格瑞菲斯主张功能简约论，按照这种观点，生物学中的功能语言主要是关于因果功能的，根据因果功能只能对各种结构和性状给出直接描述，不能作为对生物体组成成分进行分类的依据，只有同源（homology）才是这种分类的依据。这一章从考察本征功能的定义入手，尝试澄清功能扩张论与功能简约论的争论。书中提出，分类活动包含定义和鉴定两个环节，功能描述既可以作为一种鉴定活动，也可以为某种生物组成部分或过程规定某种本质或下定义。本质主义的问题在于：用定义标准来充当鉴定标准，使得我们在不能直接观察定义的本质时无法进行鉴定活动。描述主义的问题在于：用鉴定标准来充当定义标准，从而在存在多种鉴定特征时，就会把同一个类看作是多个类。

关于生物学中功能解释的问题，包括功能解释的合理性、功能解释的逻辑及其自主性等。第三章讨论功能解释的合理性问题。一部分学者如格鲁纳、维姆萨特、亨普尔等认为功能解释遵循演绎律则模型。不同的是格鲁纳和维姆萨特通过指出功能解释遵循演绎律则模型而捍卫功能解释的逻辑合理性，亨普尔却认为功能解释作为符合覆盖律模型的解释不能避免附带现象以及面临替代物问题，故而他质疑功能解释的合理性，而认为功能解释只是“事后聪明”。而以格瑞斯蒂为代表的另一部分学者认为功能解释与演绎律则模型不同，指出功能解释带有意向性，其使用的“必要性”不同于逻辑“必要性”，以及功能解释不要求使用普遍定律；他将语境考虑进解释中，并将功能解释定位在说明某物对于维持某个状态的“价值”上面，以此来为功能解释的合理性辩护。这一章通过考察学者们对功能解释逻辑的分析，指出他们各自存在的不足；尝试从生物学中使用六种不同功能语言对现象进行解释的情况出发，考察各自是否符合演绎律则模型；指出功能解释按其逻辑形式分为三种类型：因果关系＋边界条件、模型与现象的同构关系型以及最佳解释推理。

第四章讨论最佳解释推理，认为功能解释中的生物学优势解释、生态适应解释以及意向解释属于最佳解释推理，这一章是对第三章的扩展。通过介绍最佳解释推理，并将其与演绎律则模型、假说演绎模型以及贝叶斯进行比较，指出最佳解释推理的合理性，以此为一部分功能解释（如生物学优势解释、选择解释以及意向解释）的逻辑合理性辩护。由于研究领域不同，可以有多种解释类型，这些解释类型之间并不相互排斥，而是互补的。

第五章讨论功能解释的自主性问题。生物学因常常使用功能解释而被认为独立于物理—化学，功能解释是否能够还原为规律解释呢？如果能够不损失内容地将功能解释还原为规律解释，那么功能解释就没有存在的必要，生物学的自主性也会遭受质疑。一部分学者如内格尔主张目的论解释可以被翻译为D—N解释，但他对目的和功能等概念的定义是不恰当的，并且他所用的D—N模型本身也是有局限性的，因而他对目的论解释进行的还原也存在问题。另一部分学者如阿耶拉主张目的论解释在生物学中具有自主性，试图通过限定目的论解释的适用范围来对目的论解释自主性进行辩护，但阿耶拉的这种辩护也存在问题：一方面，他对生物学的理解大多停留在进化生物学的层面，这致使他对目的论解释适用范围的划分出现了问题；另一方面，他忽视了某些语境下目的论陈述并不增加解释力的情况。这一章以内格尔与阿耶拉关于目的论解释是否能够不损失内容地还原为非目的论的争论为切入点，分析二人各自的缺陷，认为并非所有的功能解释都是目的论解释，在生物学中只有生物学优势解释、选择解释、意向解释与目的相关。包含目的论的功能解释因其预设目的，不能还原为规则解释；不包含目的论的功能解释也不能还原为规则解释，原因在于：第一，功能解释与这样的方式相关，即一个生命系统的不同性状在功能上相互依赖，功能依赖关系不是因果的，而是对“什么生存”的约束；第二，功能解释与规则解释所回答问题的内容不同，功能解释不能毫无遗漏地被还原为规则解释。

第一章　功能语言的种类

内格尔（Ernest Nagel）在《再论目的论》中把目的论陈述分为目标归因（goal ascriptions）和功能归因（function ascriptions）两种。目标归因陈述某个结果、一个有机体的或有机体的部分的某些活动受指引的目标倾向。比如，（1）啄木鸟啄树是为了找到昆虫的幼虫；（2）动物的肾上腺交感神经器官活动的目的与胰腺的某些细胞一样是为了让血糖集中在相对小的范围内。功能归因陈述在有机体中一个给定项目或给定项目活动的作用是什么。比如，（3）一个脊椎动物的心脏膜瓣的功能是给血液循环指出方向。他把“功能”理解为：“系统 s 和环境 E 中，i 的功能是 F，预设了 s 是目标导向，是为了目标 G，是为了有利于 F 的实现或维持。”①

其实，功能语言的种类很多，远远不只内格尔所指出的一种功能陈述。在生物学中，功能语言大致包括生物学作用功能陈述、负反馈功能陈述、倾向性功能陈述、生物学优势功能陈述、选择效用功能陈述、生态适应功能陈述以及意向功能陈述。内格尔所谓的“功能”至多算生物学作用功能。并非所有的功能语言都是目的论的，但意向功能陈述毫无争议应算作目的论语言。生物学学科内部研究领域的多样性、解释的多层次性以及语境决定了生物学功能陈述的多样性。

下文将从功能生物学、进化生物学和高等动物的行为心理三个方面来总结七种生物学功能语言，并说明进化功能与因果功能（生物学作用功能和负反馈功能）的关系以及功能语言与目的论陈述的关系，最后阐明生物学学科的多样性、解释的层次性与语境如何决定生物学功能陈述

---

① Ernest Nagel. Teleology Revisited and other Essays in the Philosophy and History of Science [M]. New York: Columbia University Press, 1979: 312.

的多样性。

第一节　功能生物学与进化生物学

迈尔（Ernst Mayr）将生物学区分为功能生物学与进化生物学。功能生物学研究近期原因，而进化生物学研究终极原因。“和无机物对比，有机体因为具有遗传程序所以有两种不同的原因。近期原因和某一生物个体遗传程序的解码有关，进化（终极）原因和遗传程序经历时间发生变化以及这些变化的缘由有关。”[①] 迈尔这样说明性二形性（sexual dimorphism）：为什么同一种生物（或可能是同一个体）内出现两种相异性状的现象？近期原因可能是激素的或某些遗传性生长因子的作用，而其终极原因则可能是性选择或者对食物生态位差别利用的不同选择优势（selective advantage）所致。“涉及两种原因的两类生物学是完全独立的。近期原因和有机体及其组成部分的功能和发育有关，包括从功能形态学到生物化学。进化的、历史的或终极原因则企图说明为什么某一生物有机体是现在的样子。”[②]

功能生物学的特点是：（1）研究近因，回答“怎么样”的问题。比如功能解剖学家研究骨关节如何运行，分子生物学家研究遗传信息传递中DNA分子功能。（2）主要采用实验研究方法，是属于“定量”的研究。如1869年弗雷德里希·米歇尔从废弃绷带里所残留的脓液中，发现一些只有显微镜可观察的物质。由于这些物质位于细胞核中，米歇尔称之为“核素”（nuclein）。到了1919年，菲巴斯·利文进一步辨识出组成DNA的碱基、糖类以及磷酸核苷酸单元，他认为DNA可能是许多核苷酸经由磷酸基团的联结而串联在一起的。1937年，威廉·阿斯特伯里完成了第一张X光衍射图，阐明了DNA结构的规律性。[③]（3）注意结构元件运行和相互作用。解剖学家在对鸟类肌肉系统的研究中就关注了各种肌肉的功能和相互作用。研究表明，大多数鸟类拥有约175组不同的肌肉，当中大部分用于控制翅膀、皮肤以及腿部。其中最

① 恩斯特·迈尔. 生物学思想发展的历史［M］. 涂长晟，等译. 四川教育出版社，2012：46.
② 恩斯特·迈尔. 生物学思想发展的历史［M］. 涂长晟，等译. 四川教育出版社，2012：46.
③ 资料来自 http://www.wiki8.com/DNA_42809/.

大的是用于控制翅膀的胸大肌，在飞行鸟类中约占体重的15%～25%。在胸肌内部，有另一组称为喙上肌的肌肉。要能够飞行，则必须依赖这两组肌肉来挥动翅膀。其中喙上肌用于将翅膀升起，胸大肌则用于将翅膀往下拍动。这两组肌肉加起来约占飞行鸟类体重的25%～35%。鸟类皮肤上的肌肉则用于调整附着于其上的羽毛，以便帮助调整飞行姿态。在躯干和尾部也有少量健壮且重要的肌肉，例如尾综骨上的肌肉可以控制尾部的姿态，这使得鸟类在飞行中能够迅速调整方向。[①]

进化生物学的特点是：(1) 研究远因，回答"为什么"的问题。为什么有些物种在繁殖时会有受精作用？进化生物学家指出："受精作用的真正意义在于实现父本与母本的基因重组，这样的重组产生了自然选择所需要的遗传变异性。"[②] (2) 主要采用观察、比较的研究方法，是属于"定性"的研究。(3) 注重进化历史中的独特性。为什么北方的大雁9月份开始往南迁徙？进化生物学家对这一现象的解释采用了比较的研究方法。通过观察发现，北方的大雁9月份开始南迁，而与大雁栖息在同一地区、同样气候条件下的猫头鹰却并不迁徙，这是历经亿万年的进化过程的自然选择所获得的遗传性。大雁经过自然选择成为候鸟，否则在冬天就会因找不到食物而饿死；而猫头鹰在冬天能找到食物，迁徙对它来说不必要。

"一切生物学过程既有近期原因又有终极原因"[③]，"生物学问题只有在近期原因和终极原因都得到阐明后才能完满解决"[④]。研究近期原因的功能生物学与研究终极原因的进化生物学是生物学中两个不同的分支，如果在研究与生物学相关的问题时，只倾向于其中之一，而忽视另一个，必会导致研究结果的片面性。

---

① 资料来自 http://zh.wikipedia.org/.

② 恩斯特·迈尔．生物学思想发展的历史 [M]．涂长晟，等译．成都：四川教育出版社，2012：49.

③ 恩斯特·迈尔．生物学思想发展的历史 [M]．涂长晟，等译．成都：四川教育出版社，2012：49.

④ 恩斯特·迈尔．生物学思想发展的历史 [M]．涂长晟，等译．成都：四川教育出版社，2012：49.

第二节　功能生物学中的功能语言

功能生物学以“定量”研究为特点，常侧重于寻求生物体所体现的因果关系和因果机制。功能生物学中所涉及的功能语言包括生物学作用功能陈述以及负反馈功能陈述。

一、生物学作用

“功能”在某些情况下指有机体使用一个特征或行为模式的方式。如胃有消化功能、心脏有搏血功能、猫的胡须有探测物体的功能等。生物学作用功能描述一个特征或活动如何对有机体的一个复杂能力的突现有贡献。一个“复杂能力”不仅仅指这个能力的部分性质的总和，也指这些部分与部分之间的组织方式。在有机体层次上，最重要的复杂能力是有机体维持它自身、成长、发育和繁殖后代的能力。例如，施文克（K. Schwenk）1994 年在《为什么蛇有分叉舌头》（*Why Snakes Have Forked Tongues*）一文中描述蛇的舌头是如何有帮助蛇通过在同一时间抽取两个不同点的化学信息来追踪猎物和同伴气味这种能力。

卡敏斯（Robert Cummins）是这样对“功能”进行分析的：“在 s 中 x 有一个功能 φ（或：在 s 中，x 的功能是为了 φ）在以下情况下是关于 s 有能力运行 ψ 一个分析说明 A，即如果在 s 中 x 有能力运行 φ，且 A 恰当并足以说明 s 有能力去运行 ψ 是部分通过求助于在 s 中 x 运行 φ 的能力。”①

功能生物学的一个中心议题就是解释有机体维持它自身、成长、发育和繁殖后代的能力。为了解释这些能力，功能生物学家将有机体的部分和过程分为许多系统（如循环系统、消化系统、肌肉系统等），每个系统都在有机体的维持和繁殖上发挥着一个或多个作用，而这些系统有它们独特的能力使它们能够表现这些作用。每个系统都能再次分为许多子系统，每个子系统都在上一级系统的维持和繁殖上发挥着一个或多个作用，这些子系统有它们独特的能力使它们能够表现这些作用。例如，

① Robert Cummins. Functional Analysis [J]. The Journal of Philosophy，1975，72：762.

脊椎动物的循环系统的主要作用之一是运送氧气、二氧化碳、营养和热，使得这个能力得以表现的是循环系统之部分（心脏、血管、血液等）的合作行为，每个部分都有产生这个能力的独特作用。心脏搏血，血液携带氧气、二氧化碳、营养和热，血管容纳并导引血液。通过将每个子系统分析成许多个子系统，来解释一个子系统在系统中所表现作用的能力。例如，用心脏的内部结构、心脏收缩能力、心脏的节奏和神经控制来解释心脏搏血的能力。

在使用生物学作用功能陈述时所面临的一个困难是：很难区分功能与附带作用（side effect）。卡敏斯将“功能分析”理解为“不过是理论的一种技术上的术语，这个理论通过设计性质分析（property analysis）来解释一种能力或倾向（disposition）”[①]。按照卡敏斯对功能分析的理解，我们对理论解释的兴趣决定了功能。心脏可能有制造心音的功能，如果听诊器通过听心音辨别某种病变，使得该病变较早被发现并得以有效治疗，此时心音有贡献于生存的能力；并且，如果恰巧我们对听诊器如何通过听心音来辨别病变这个话题感兴趣，那么在这种情况下，心音也能作为一种功能来解释听诊器如何通过听心音来辨别病变。如此一来，任何对有机体的一个复杂能力的突现有贡献的效用都可以称为功能，只要它符合我们的兴趣。

按照所陈述对象的不同，生物学作用功能陈述可分为两种：一种是针对个体特征作用的陈述，也称单一性生物学作用功能陈述；另一种是针对个体类成员的同源特征作用的陈述，也称为一般性生物学作用功能陈述。例如，“这条蛇的舌头有追踪猎物的作用”属单一性生物学作用功能陈述，因为该陈述的对象是个体特征，即“这条蛇的舌头”。“蛇的舌头有追踪猎物的作用”属一般性生物学作用功能陈述，因为该陈述的对象是个体类成员的同源特征，即“蛇的舌头”。一般性生物学作用功能陈述是一种经验概括。当我们解释这条蛇的舌头有追踪猎物的作用能力的时候，我们可以分析其舌头的肌肉、形状、分泌物等。当我们解释蛇的舌头有追踪猎物的作用能力的时候，首先要明确其解释对象是蛇这

① Robert Cummins. The Nature of Psychological Explanation [M]. Cambrige: The MIT Press, 1983: 195.

一类动物的同源特征（舌头）的某种能力，我们也可以通过分析蛇类舌头的肌肉、形状、分泌物等来解释蛇的舌头有追踪猎物的作用能力，但这种解释有一个预设，即对足够多的个体特征能力的解释能够归纳推出对某个体类的特征能力的解释。

二、负反馈

在一个系统 S 中，一个项目（结构或特征）x 运行 y，并且 y 使得包含 x 的系统 S 在受到干扰时仍能维持某种平衡，那么 x 具有功能 y。我们可以将这种功能陈述称为负反馈功能陈述。法伯尔（Roger Faber）曾认为有机体的部分功能是指“闭合系统倾向于在一个较窄范围内维持某可变属性，这是以一种独特的因果联系模式进行的，即负反馈模式”[①]。

如人体的汗腺有调节人体体温的功能，胰岛有调节人体血糖平衡的功能，这里所使用的陈述就是负反馈意义上的功能陈述。当血糖含量升高时，胰岛 B 细胞的活动增强并分泌胰岛素，抑制肝糖原的分解和非糖物质转化为葡萄糖，从而降低血糖。当血糖含量降低时，胰岛 A 细胞的活动增强并分泌胰高血糖素。胰高血糖素主要作用于肝脏，能强烈地促进肝糖原分解，促进非糖物质转化为葡萄糖，从而使血糖浓度升高。在人体中，当血糖发生变化时，胰岛能够根据血糖的不同情况而分泌不同的激素，使人体的血糖水平得以维持平衡。

这种负反馈意义的功能陈述有以下特点。首先，负反馈意义的功能陈述涉及系统。说一个项目有功能一定是指在一个包含该项目的系统中，这个项目有功能。说胰岛有调节血糖平衡的功能时，一定是指在包含胰岛的人体系统中，胰岛有调节血糖平衡的功能。对螳螂而言，胰岛无调节血糖平衡的功能，因为螳螂体内不含有胰岛。其次，系统中有干扰或波动。血糖升高或降低形成一种血糖波动，针对这种波动，胰岛分泌不同激素来维持血糖平衡。对无生命体征的人而言，其身体内已无血糖波动，故而其胰岛无调节血糖平衡的功能。最后，负反馈功能的陈述

① Roger Faber. Clockwork Garden: On the Mechanistic Reduction of Living Things [M]. Amherst: University of Massachusetts Press, 1986: 89.

实质反映了某项目与包含该项目的系统间的一种负反馈机制。

负反馈意义功能陈述与生物学作用意义的功能陈述不同：前者是对整体稳态的维持过程，是一种机制，具有动态性；后者是对有机体的一个复杂能力的突现有贡献，是一种作用，是静态的。

第三节　进化生物学中的功能语言

进化生物学以“定性”研究为特点，常侧重于研究生物进化过程和生物群落特征，关注进化史和选择史。进化生物学中所涉及的功能语言包括倾向性、生物学优势、选择效用以及生态适应。

一、倾向性

从进化生物学角度来看，一个结构或性状的“功能”指在某特定环境中，性状与效应的某种对应关系，这个特定环境通常是指能够增加该性状生存力倾向的环境。如沙漠中仙人掌的刺有减少自身水分蒸发的功能，水生植物充满气孔的茎（如莲藕）有储存空气、增加浮力的功能。生长在水中的莲，其叶片非常大，这种大叶片有助于莲接受更多的空气和阳光，赋予莲增加生存力的倾向。在水生环境中，莲的大叶片就对应着接受更多的空气和阳光的效应。

这种功能的特点如下：第一，强调环境。倾向性描述在能够增加某性状生存力倾向的特定环境中这种性状与效应的对应关系。一种性状在这种环境下所对应的效应可称为该性状的功能，在另一种环境下这种效应可能就不再是该性状的功能。在工业污染环境中，黑尺蛾身体的黑色颜色具有保护其免受天敌捕食的功能；但在非污染环境中，特别是在白色或浅色环境中，黑尺蛾身体的黑色颜色会使它暴露在环境中被天敌捕食，这种背景环境并不能够增加该性状的生存力倾向，故而在此情况下，黑尺蛾身体的黑色颜色不具有保护其免受天敌捕食的功能。第二，倾向性陈述大多是一些条件句。当一个生物并不在特定环境中时，无论一种性状是否增加了生存力的倾向，都不会影响此定义的恰当性。

毕格罗（J. Bigelow）与帕吉特（R. Pargetter）对这种功能的定义是：在一个自然生境中，某结构或性状有一个生物学的本征功能，“仅当它将一个增加生存力倾向（survival-enhancing propensity）赋予拥有这个结构或性状的生物”[①]。这种定义存在循环定义问题。毕格罗和帕吉特对功能的分析中需要用到“自然生境”的概念，而他们对这一概念的定义却又用到了“增加生存力倾向”。巴顿（Adrian Bardon）为了避免毕格罗与帕吉特定义中由于“自然生境”所带来的困难，用“共同环境”来替代“自然生境”，他把“共同环境”定义为“产生这个特征的共同机制活动，也指这个特征所属的共同的物种”[②]。但这种定义过于严格。按照这种定义，只能把一个物种的一般特征包含进来，而不能定义物种中不同群体的本征功能。伯特兰（Michael Bertrand）放宽共同环境条件，对倾向论的本征功能定义作了改进：“在一个群体 P 中，一个器官或有机体的特征 C 有功能，当且仅当，对拥有 C 的器官或有机体来说，C 增加 P 在环境中保存或可能存活的生存力倾向，这里所讲的环境是指在显著进化期内 P 被保存或将被保存的环境。”[③] 然而，如何确定显著进化期往往存在操作困难（对本征功能的倾向性介绍和研究将在第二章详细展开，此处先不详述）。虽然本征功能的恰当定义无法由倾向性给出，但对其已有定义的研究能够为我们了解生物学中“功能”一词的用法提供素材。

倾向性与生物学作用的不同在于：首先，生物学作用描述一个特征或活动如何对有机体的一个复杂能力的实现有贡献，表述的是有机体使用一个特征或行为模式的方式，它回答“怎么样”的问题。倾向性描述的是性状与效应的某种对应关系，存在这种对应关系的前提是处于能增加该性状生存力倾向的环境中，它回答“在增加某性状生存力倾向的环境中，该性状对应什么效应”的问题。其次，生物学作用所考察的对象是某种特征，也可以是有机体。有机体相对于有机体的某特征来说是整体，而相对于生态系统来说就是部分。这种功能陈述通过分析整体之于部分的效用来解释该整体复杂能力的实现。倾向性所考察的对象是结构或性状，而不包含有机体自身。

---

① J. Bigelow & R. Pargetter. Function [J]. The Journal of Philosophy，84：192.

② Adrian Bardon. Reliabilism，Proper Function，and Serendipitous Malfunction [J]. Philosophical Investigation，2007 (30)：57.

③ Michael Bertrand. Proper Environment and the SEP Account of Biological Function [J]. Synthese，2013，190 (9)：1513.

倾向性与负反馈的不同在于：第一，倾向性反映的是一种对应关系，既在某特定环境（能够增加该性状生存力倾向的环境）中，性状与效应的某种对应关系。而负反馈反映的是一种机制，即在一个系统 S 中，一个项目（结构或特征）x 运行 y，并且 y 使得包含 x 的系统 S 在受到干扰时仍能维持某种平衡的机制。第二，负反馈是与波动和干扰相关的，有波动和干扰才会启动负反馈机制，而倾向性则不要求波动和干扰。

二、生物学优势

哥特马克等人（F. Götmark，D. W. Winkler & M. Andersson）1986 年在《鸥群中集群捕食鱼群增加个体鸥捕食的成功》[①] 一文中指出，在鸥群中，集群捕食与个体单独捕食相比，集群捕食的生物学优势在于能捕食更多的鱼。一个特征或行为与其他特征或行为相比，可能具有优势，也可能具有劣势或中性。一个特征或行为的优势常被称为这个特征的“功能”，这是生物学优势意义上的“功能”。在这种意义上，一个特征或行为的功能来自该特征或行为所具有的能力，因为拥有这个特征的有机体比缺少这个特征的类似有机体有更好的生存机会。

例如，鸟类和哺乳动物的心脏有四个腔，是由左右两个心室和左右两个心房构成的。血液由左心室射出经主动脉及其各级分支流到全身的毛细血管，在此与组织液进行物质交换，供给组织细胞氧和营养物质，运走二氧化碳和代谢产物，动脉血变为静脉血；再经各级静脉汇合成上、下腔静脉流回右心房，这一循环为体循环。血液由右心室射出经肺动脉流到肺毛细血管，在此与肺泡气进行气体交换，吸收氧并排出二氧化碳，静脉血变为动脉血；然后经肺静脉流回左心房，这一循环为肺循环。为什么鸟类和哺乳动物的心脏会是这种结构呢？我们可以通过比较单一循环系统的心脏与这种双循环系统的心脏来回答。如果心脏只有单一循环系统，那么它运送氧气和排出二氧化碳的时间就比具有双循环系统的心脏运送氧气和排出二氧化碳的时间长，这是因为双循环系统的心

---

① F. Götmark, D. W. Winkler & M. Andersson. Flock-feeding on Fish Schools Increases Individual Success in Gulls [J]. Nature, 1986, 319: 589-591.

脏可以同时完成运送氧气和排出二氧化碳这两个过程。

肯菲尔德（John V. Canfield）对功能的定义就是这样一种生物学优势："I（在系统S中）的一个功能是为了运行C；当且仅当：I运行C；且若在S类系统中C不被运行，则S的生存或拥有后代的可能性要小于C被运行时S的生存或拥有后代的可能性。"[①] 例如：老鼠体内心脏的功能是为了搏血；如果其他构造都相同，在老鼠体内无血液循环，那么老鼠生存的可能性或老鼠拥有后代的可能性就会小于体内有血液循环的老鼠生存的可能性或老鼠拥有后代的可能性。

这种作为生物学优势的"功能"陈述将实际有机体与假设的有机体相比较，故而乌特尔（Arno G Wouters）也称其为"功能的反事实"（functional counterfactual）[②] 陈述，并将其与生物学作用作了区分，指出二者之间的五点不同之处：

第一，二者回答的问题不同。生物学作用回答"如何被使用"的问题，而生物学优势回答"如何有用"的问题。

第二，二者所考察的对象不同。生物学作用考察的是特征和行为，而生物学优势考察特征的性状和行为的特征。说心脏有搏血功能，而不说心脏的四个腔有搏血功能；说心脏的四个腔在降低血压并增加血流速率方面有优势，而不说心脏在降低血压并增加血流速率方面有优势。正是由于心脏具有四个腔，心脏才在搏血这个生物学作用上比非四腔心脏更有优势。

第三，生物学作用只陈述某特征或行为如何对有机体的一个复杂能力的突现有贡献，是非比较的；生物学优势则是比较的，其将拥有某特征的有机体与缺少这种特征的有机体进行比较，从而说明前者比后者有更好的生存机会。

第四，生物学作用陈述具有某特征的结构或行为在整体中如何表现一种积极作用，生物学优势则是对该特征的结构或行为在整体中所表现出的积极作用的一种价值评价。正是因为该特征的结构或行为在整体中

① John V. Canfield. The Concept of Function in Biology [J]. Philosophical Topics. 1990, 18: 29—53.

② Arno G Wouters. Four Notions of Biological Function [J]. Studies in History and Philosophy of Biological and Biomedical Sciences. 2003, 34: 645.

表现出的积极作用，所以比不具有该特征的结构或行为导致更高的适合度。

第五，生物学作用陈述是一种经验概括，生物学优势陈述则是似律的，具有一定的预见性。蛇的分叉舌头是通过抽取同一时刻两个不同点的化学信息而有助于蛇捕食，这是蛇分叉舌头的生物学作用，它不能推出关于未知物种的结论。生物学优势意义的功能陈述则可以推出关于未知物种的结论，它不仅告诉我们发生了什么，还告诉我们什么是可能的，什么是不可能的。如果发现某个体的舌头（未知物种的舌头）能在同一时刻抽取两个不同点的化学信息，那么这个舌头一定是分叉的。

三、选择效用

在某些情况下，"功能"指某特征过去所以被选择的效应，由于是在选择史的意义上使用"功能"一词，故而可将其称为"选择效用功能陈述"或"选择功能陈述"。如将鸟类过去用于承担飞行功能的器官称为翅膀；将猫用于承担抓握功能的器官称为爪子。再如，用"在进化史上人体肝脏具有分泌胆汁的功能"来回答"为什么人体有肝脏"。选择效用功能陈述的特点是具有前因性，即通过追溯某特征过去被选择的效应来说明该特征当前的功能。"一个核苷酸序列 GAU 具有为天冬氨酸编码的选择功能，如果我们推论说，这个序列通过自然选择的进化是由于该序列具有把天冬氨酸插入祖先生物的某种肽链的作用。"①

密立根、尼安德和格瑞菲斯等人都给出过"功能"一词的定义，虽然他们的定义各不相同，但都基于自然选择或选择作用来定义"功能"，故而可统称为"选择功能"或"前因论功能"。按照密立根的定义，一个项目 A 的功能 F 是它的"本征功能"（proper function）需要满足以下两个条件中的一个："(1) A 是作为某些先前项目的复制品（例如作为一个拷贝或拷贝的拷贝）而起源的，这些先前项目部分地由于具有繁殖性质而在过去一直行使 F，且 A 的存在是因为（因果上）它表现的 F。(2) A 是作为某些先前设计（device）的产物而起源的，由于这种

① Paul Edmund Griffiths. Function, Homology and Character Individuation [J]. Philosophy of Science, 2006, 73 (1): 1-2.

前设计，在给定的境况中，作为本征功能的F就得以表现，并且在这种境况下，只要产生出类似A的项目一般就会导致F的表现。”[①] 这种定义会面临偶然复制体困难以及循环解释困难。尼安德试图避免密立根的循环解释困难。她对“本征功能”的定义是：“一个生物体（O）的一个项目（X）的功能，就是X型项目过去对O祖先的广义适合度（inclusive fitness）的贡献，由于这种贡献，使得该基因型被自然选择所厚，这里的X就是那种基因型的显性表达。”[②] 但尼安德的定义仍会面临许多反例，并且无法解决退化性状等问题。尼安德对本征功能的定义强调了历时较长的选择史，故而称其为强的前因论。格瑞菲斯没有诉诸这种较长选择史，但保留了最近进化意义周期的选择作用，可以叫作弱的前因论。他对本征功能作了以下定义：“令i是S型系统的一个性状，i在S中的本征功能是F，当且仅当，对于具有i性状的S当前比例不为零的最近选择解释必须把F作为由i赋予的适合度的一个成分。”[③] 格瑞菲斯的弱的前因论仍然没有将心音这种附带功能排除在本征功能之外，并且他所要求的正确系统类S是难以定义的。本书第二章还将详细阐述选择功能（前因论功能）的定义问题。

在生物学家尚未掌握足够的系统发育知识的时候，他们有过仅仅基于选择功能来对生物组成部分进行分类的情况，例如，把不同生物的具有搏血功能的器官都归为心脏这个自然类。但系统发育学研究发现，蝗螂的搏血器官与人类的搏血器官在发育机制上完全不同，这两类器官并不适合归为心脏这个自然类。选择功能还被用来回答一些关于某特征存在的问题。当问“袋鼠为什么有育儿袋”时，可以用育儿袋的选择功能来回答，即袋鼠的祖先拥有可以哺育和保护幼袋鼠的育儿袋，这种育儿袋过去对袋鼠的祖先的适合度有贡献，并因此在自然选择中留存下来。

选择效用功能与生物学优势意义的功能不同：首先，选择效用功能陈述一种历史的因果力，是事实性的、非比较的；而生物学优势意义的

---

① Ruth Garrett Millikan. In Defense of Proper Functions [J]. Philosophy of Science，1989 (2)：288.

② Karen Neander. Functions as Selected Effects：The Conceptual Analyst's Defense [J]. Philosophy of Science，1991，58 (2)：174.

③ Paul Edmund Griffiths. Functional Analysis and Proper Function [J]. Philosophy of Science，1993，44：418.

功能是一种价值评价，是反事实的、比较性的。其次，这两种功能陈述都能回答“为什么存在”的问题，但其回答问题的切入点和角度不同。选择效用功能用“过去如此这般”来回答“为什么存在”的问题，生物学优势功能则是用“与……相比，具有优势”来回答“为什么存在”的问题。

四、生态适应

关于适应的概念，古尔德（Stephen Jay Gould）和维伯（Elisabeth S. Vrba）曾指出，一种是“一个特征是一个适应，仅当，这个特征是为了现在所表现的功能而通过自然选择被建立的”，另一种是“用静态或即时的方式将适应定义为任何提高当前适合度的特征，而不考虑历史起源”。[①] 前一种将适应与自然选择联系在一起，后一种是用适合度来定义适应，而适合度的概念也有很多种，但归结起来大致有两类：一类是生态学定义，另一类是群体遗传学定义。生态学定义的适合度用于描述个体或性状与环境之间的匹配关系，而群体遗传学把适合度看作描述某种基因型个体繁殖能力的概念。与自然选择联系在一起的适应概念所衍生的功能陈述，与上一节所讨论的选择效用功能陈述类似；群体遗传学适应概念描述一种性状类型的统计性质，极少涉及功能陈述；这一节主要讨论生态学适应概念所衍生的功能陈述。

在生态适应中，生物所具有的特征或行为所表现出的某种效用可称为“生态适应功能”。生态学教科书中，生态适应是指：“生物在与环境长期的相互作用中，形成一些具有生存意义的特征。依靠这些特征，生物能免受各种环境因素的不利影响和伤害，同时还能有效地从其生境获取所需的物质、能量，以确保个体发育的正常进行。自然界的这种现象称为生态适应。”[②]

变色龙的皮肤能随背景变化而改变体色，使之与环境协调，这种特征能使变色龙得以伪装以躲避捕食者，并能很好地使自身隐匿于环境中伺机捕食猎物，故而，可以称变色龙会变色的皮肤具有伪装的功能。毒

---

① Stephen Jay. Gould & Elisabeth S. Vrba. Exaptation—A Missing Term in the Science of Form [J]. Paleobiology，1982，8 (1)：4—15.

② 孙振钧，王冲. 基础生态学 [M]. 北京：化学工业出版社，2007：26.

蛾的幼虫多具有鲜艳的色彩和斑纹，误食这种幼虫的小鸟常被毒毛损伤口腔黏膜，以后这种易于识别的色彩和斑纹就成为小鸟的警戒色，我们可以称毒蛾幼虫的鲜艳颜色和斑纹具有警示捕食者的功能。猪笼草形似鲜花，能诱捕采蜜的小虫，猪笼草的鲜花形态具有诱捕功能。

生态适应功能的特点有二：

第一，生态适应功能具有层次性。“生命物质有从分子到细胞、器官、机体、种群、群落等不同的结构层次”①，所以谈论生态适应功能也要区分这些不同的层次。

第二，讨论生态适应意义的功能要涉及对环境的确认。在“变色龙会变色的皮肤具有伪装功能”的陈述中，表述的是机体之器官的功能，在这个陈述中环境是指狭义的自然环境。“草原上，狼群对羊群来说具有保证羊群健康的功能”，表述的则是种群的功能，此陈述中环境是指广义的环境，即“自然环境＋羊群＋狼群”。

生态适应功能与选择功能的不同为：

第一，生态适应功能不考虑历史起源，只考虑当前性状、个体或群体、种群与环境的匹配关系；选择功能则是前因论的，要诉诸选择史或选择作用。现存鼹鼠的视力完全退化，已不具有生态适应功能，但鼹鼠的眼睛过去能看东西，这对鼹鼠祖先的广义适合度有贡献，所以鼹鼠眼睛具有选择效用功能，只是现存鼹鼠的眼睛的这种选择效用功能已经退化。

第二，生态适应功能的附着者可以是分子、细胞、器官、机体、种群、群落等，而选择效用功能的附着者通常不涉及种群和群落。

第四节　高等动物的行为心理

有些情况下，功能与意向相联系，没有意向就没有功能。如汽车有运输功能、订书机有装订功能、小明乘火车的功能是去旅行、黑猩猩将树枝伸入土堆的功能是捕食白蚁。尼森（Lowell Nissen）把意向意义的功能陈述总结为以下形式：“X 的功能是 Y，当且仅当，W 意欲

---

① 孙振钧，王冲. 基础生态学［M］. 北京：化学工业出版社，2007：14.

(intend) X 运行 Y。"[①] 这种意向意义的功能有以下特点：

第一，只有高等动物才可能有意向，所以意向意义的功能陈述只能用在讨论高等动物的行为心理方面，如果将其用在描述或解释某些结构、特征以及低等有机体的活动方面则是不恰当的。

第二，意向意义的功能强调意向、目的，只要 W 的目的和意图是 X 运行 Y，那么 X 的功能就是 Y，即使事实上 X 并未运行 Y，X 也具有 Y 功能。汽车的功能是运输，这是因为人制造汽车时的意图就是用汽车来进行运输，即使某一天汽车坏了不能正常运输，我们只会认为它损坏了，而不会认为它不具有运输的功能。如果为了参加汽车模型展，参赛者制作了一个汽车模型用于观看，此时汽车模型的功能就是被观看，因为参赛者的意图就是如此。黑猩猩意图使用细长的树枝插入泥堆捕食白蚁，对黑猩猩来说树枝的功能是捕食白蚁，但若有一天黑猩猩意图使用树枝去探测水塘的深度，则对黑猩猩来说树枝的功能就不再是捕食白蚁了，而是探测水塘的深度。

亚当斯 (Frederick R. Adams) 并不赞同意向意义功能陈述的使用。他指出："似乎某个意图（如某人选择 x 去做 y）并不是 x 有功能 y 的充要条件。"[②] 如果将雨刮器安装在一个硬纸板外面，它就不具有在雨天清理挡风玻璃的功能，即便人制造雨刮器的意图是清理挡风玻璃。亚当斯认为："一个结构 x 有一个功能 y，即在一个系统 S 中为了让 x 去运行 y，并且 y 导致系统能够产出一个价值 O。"[③] 亚当斯谈论功能时，强调要涉及功能拥有者所在的系统。按亚当斯对功能的分析，安装在硬纸板上的雨刮器并不能导致汽车这个系统能够产出一个价值，即清理挡风玻璃上的雨水，故而安装在硬纸板上的雨刮器不具有在雨天清理挡风玻璃的功能。硬纸板上的雨刮器在"硬纸板＋雨刮器"这个系统中，并非在"汽车＋雨刮器"这个系统中，而只有在"汽车＋雨刮器"这个系统中，雨刮器才具有雨天清理汽车挡风玻璃的功能；所以，在"硬纸板

---

① Lowell A. Nissen. Teleological Language in the Life Sciences [M]. Rowman & Littlefield Publishers, INC. Lanham · New York · Boulder · Oxford. 1997: 209.

② Frederick R. Adams. A goal-state Theory of Function Attributions [J]. Canadian Journal of Philosophy, 1979 (9): 512.

③ Frederick R. Adams. A goal-state Theory of Function Attributions [J]. Canadian Journal of Philosophy, 1979 (9): 494.

＋雨刮器”这个系统中，雨刮器不具有雨天清理汽车挡风玻璃的功能。然而，按尼森总结的意向意义功能分析，即使把雨刮器安装在一个硬纸板外面，它的功能仍是雨天清理挡风玻璃，因为人制造雨刮器的意图是清理挡风玻璃。通常人们不会怀疑雨刮器丧失了在雨天清理挡风玻璃的功能，而只会认为雨刮器被安装错了地方。

在笔者看来，尼森所总结的功能陈述与亚当斯对“功能”一词的使用并不冲突。尼森总结的“功能”是一种意向性功能，而亚当斯显然将“功能”理解为一种事实性意向功能。在谈论某行为的意向性功能时，即使事实上并不表现这种功能，只要意图如此，功能便是如此。在谈论某行为的事实性意向功能时，既要考虑意图，也要考虑实际发生的事实，如果事实上不表现这种功能，即使意图如此，功能也未必如此。

第五节　因果功能与进化功能

生物学作用功能与负反馈功能多出现在功能生物学中，反映一种因果作用或因果机制，暂且将二者统称为因果功能；倾向功能、生物学优势功能、选择效用功能以及生态学适应功能多出现在进化生物学中，暂且将这四种功能陈述统称为进化功能。因果功能与进化功能虽有不同，但也是相关联的，讨论二者的不同和联系有助于区分不同的功能陈述以及功能解释。

一、因果功能与进化功能的不同

首先，在一个特有的系统中，一个表征 x 的因果作用决定它的因果功能。在一个系统中，表征 x 的因果作用对于决定进化功能来说既不充分也不必要。Tom 是心脏病人，其心电图信息告诉我们他的心脏不能搏血，那么他的心脏不具有因果功能，但他的心脏的进化功能仍然是搏血。

其次，因果功能与进化功能发挥不同的作用。因果功能是通过引用表征系统的组成部分的因果力解释表征系统的能力，或者用因果机制解释系统的平衡现象，这种解释是因果性解释。与之相比，进化功能通过引用倾向、过去的选择效用、反事实优势、适应等解释特征类型的出现或维持，这不同于因果解释，而是倾向解释、选择解释、反事实解释或适应解释。

最后，在生物学中，有以下三种使用因果功能陈述的情况，在这些情况下使用进化功能则是不合适的。第一种情况，在生物学中，因果功能分析适用于大多数并不是选择单位的系统。比如，某人针对海洋食物网络中磷虾的作用作了因果功能分析，发现磷虾从浮游生物那里获取固定能量，并被鲸鱼捕食。在海洋生态系统中，这是磷虾对于能量流动的因果性贡献，是磷虾的因果功能。这并不需要假设自然选择以这种方式来设计生态系统。因果功能只是解释能量如何在海洋生态系统的营养层次上流动，它并不解释在海洋环境中磷虾如何出现。第二种情况，因果功能分析适用于项目对适合度贡献可能是消极或中性的情况。在某种自免疫疾病中，如风湿性关节炎和多发性硬化，免疫系统对身体的部分做出反应。在炎症症状的产生中，我们可能寻求免疫系统的B一细胞的功能。答案是B一细胞攻击滑膜关节的透明软骨，导致肿胀、变形和疼痛。这是在炎症症状的背景中，一个个体的B一细胞的一个因果功能，但不是它的进化功能。适合度效用也有可能是中性的。比如，“Junck DNA”像正常DNA一样复制自身。与DNA分子的其他领域相比，它在复制中发挥了一个因果性作用。因此，在一个个体中，它有一个因果功能，有贡献于基因组的复制。然而，“Junck DNA”并不有贡献于一个个体的适合度。在一个个体中，“Junck DNA”有一个因果功能，即复制自身，但对个体来说它没有进化功能。第三种情况，对选择作用的判定存在困难时。在判定第一次的选择作用是什么时，是有实践困难的。时间、环境和选择压力发生了巨大变化，我们如何重构祖先的选择作用？这种情况下，就只讨论因果功能。

二、因果功能与进化功能的联系

因果功能与进化功能不同，但这并不代表它们没有联系。因果功能陈述某种程度上是寻求进化功能陈述的必要条件。恩科（Berent Enc）1979年在《功能归因和功能解释》一文中通过引用哈维（William Harvey）发现心脏功能的例子，来说明因果功能陈述是进化功能陈述的必要条件。恩科认为：“实现寻求心脏的功能，涉及血液的某种性质……这里所涉及的性质是一个能力（或倾向性质），且那个探究由以下构成：发现心脏如何贡献于这种能力的执行。因此发现一个部分的功能至少包含发现某种能力或性质（或倾向）并显示（a）那个部分的物理运动如何产生某种效用……且（b）那个效用的产生对于被发现的能力的执行来说是因果必要的。”①

显然，在恩科的说明中，哈维发现心脏的进化功能是通过引入一个卡敏斯类型的因果功能分析。分析策略 A，考虑到心脏 x，作为一个系统 s（循环系统）的部分，涉及它的能力 ψ，去滋养身体的组织。进化功能是通过介绍因果功能分析而被发现的。m 不可能被指派为一个特征表征 x 的进化功能，除非这里曾有一个卡敏斯类型的因果功能分析。

第六节　功能语言与目的论解释

迈尔为了说明功能生物学区别于其他自然科学，区分了合目的性（teleonomic）和似目的性（teleomatic）。② 合目的性行为（teleonomic activities）是由程序控制的定向过程，这种行为在个体发育、生理学和行为学中特别重要，属于近期原因的领域。似目的性过程（teleomatic processes）是与无生命物体有关的过程，其目的或结局是严格按照物理定律而活动的结果。一块下坠的岩石到达终点（地面）就不涉及寻求目标的、有意的或者程序化的行为，这只不过是符合引力定律而已。当一个炽热的铁块到达它的温度和周围环境温度相等的终了状态时，它之所以达到这一终点也是严格遵从物理定律——热力学第一定律的。迈尔认为只有程序控制的合目的性的语言才是功能生物学中的目的论语言，物理定律不属于目的论语言。

迈尔注意到了使用目的论语言是要加以限制的，但是令人遗憾的是他没能成功地提出这种限制条件。迈尔的限制条件只是对合目的性（teleonomic）和似目的性（teleomatic）进行了区分，但这种区分是不

① Berent Enc. Function Attributions and Functional Explanation [J]. Philosophy of Science, 1979, 46 (3): 347.

② Ernst Mayr. Teleological and Teleonomic, A New Analysis [J]. Philosophy of Science, 1974 (14): 91-117.

成功的。在迈尔看来，生物体和钟表行为都是程序导向过程，而铀辐射能量是似目的过程；但是钟表的行为也与一系列涉及自然法则的边界和初始条件有关，在这一点上我们看不出钟表的运行与铀辐射有多大的不同。迈尔最大的失误在于武断地认为程序控制的定向过程是目的论语言，但实际上这种语言能不能算作真正的目的论语言是值得商榷的。这是因为，到目前为止，生物学已经发展到可以用染色体、基因对程序控制作详细的说明，可以陈述某些染色体、基因的生物学作用或负反馈机制来表述程序控制的定向过程，此种情况下还把程序控制的定向过程作为目的论语言是不合适的。

在生物学中，并非所有的功能语言都是目的论的。沃尔什认为只有进化意义的功能解释才是目的论的，他称这种进化意义的功能为“E－功能”，称卡敏斯的功能为“C－功能”。① E－功能包含倾向论功能和前因论功能，它们之间的关系如图 1－1 所示：

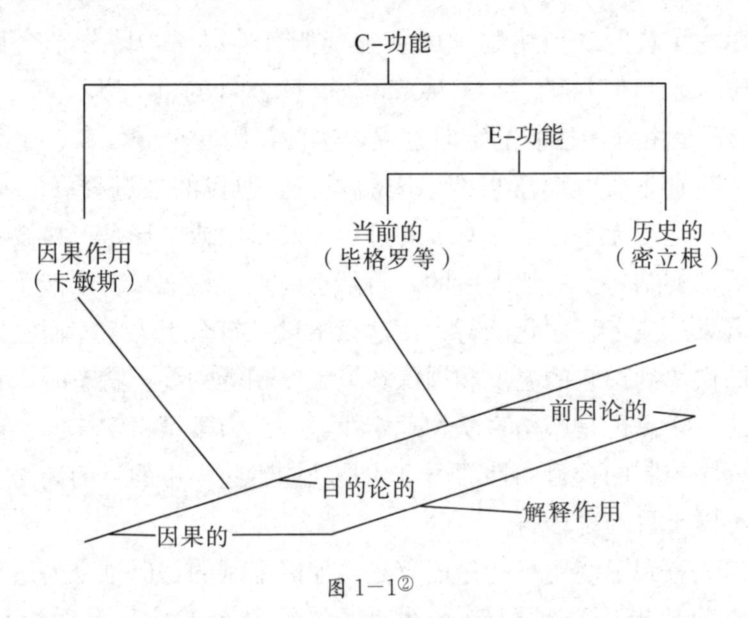

图 1－1②

历史的 E－功能（密立根的功能）构成 E－功能的一个特有的子

---

① Denis M. Walsh. A Taxonomy of Functions [J]. Canadian Journal of Philosophy. 1996，26 (4)：493.

② Denis M. Walsh. A Taxonomy of Functions [J]. Canadian Journal of Philosophy. 1996，26 (4)：513.

集，当前的E－功能（毕格罗的功能）也构成E－功能的一个特有的子集。E－功能作为一个整体构成C－功能的一个特有的子集。沿着图1－1的主干（标记为“因果的”“目的论的”“前因论的”）来区分各种不同类型的功能的特有的解释作用，所有的功能归因都解释（某一种）因果作用。C－功能的一个子集如E－功能，通过引用这些特征类型有贡献于个体的平均适合度进一步解释特征类型的流行和（或）维持，这样的解释是目的论的。进化功能的一个更独有的子集，即历史性的E－功能是前因论的。前因论通过涉及在谱系的历史中因果性地有贡献于平均适合度来解释一个特征的当前的出现。在进化生物学中，前因论功能解释是一种特殊的目的论解释，而目的论解释是一种特殊的因果解释。

沃尔什认为进化意义的功能解释“有明显的目的论意义，因为它在决定个体适合度中识别（identifies）某一特有的因果作用（如一个特有的C－功能）”[①]。显然，沃尔什所谓的“目的论意义”是指将某种因果作用与个体适合度对应起来，其实质就是确定效用与结果的稳定的必然对应关系。假如生物学中存在稳定的必然对应关系，并且进化意义的功能陈述能够表述这种稳定的必然对应关系，那么沃尔什将进化意义的功能解释作为目的论解释是合理的。但是，如果生物学中不存在稳定的必然对应关系，或进化意义的功能陈述不能够表述这种稳定的必然对应关系，那么沃尔什将进化意义的功能解释作为目的论解释就是不合理的。

此外，生物学中的功能语言不仅仅包含沃尔什所认为的“C－功能”和“E－功能”，还包含上面几节中提到的负反馈功能、生物学优势功能、生态适应功能以及意向功能。其中，意向功能一定是目的论的，这里所提的目的论是指外在的目的论，即某种意向、目的，使用这种功能陈述对现象进行解释叫作“目的论解释”。

第七节　功能陈述的多样性、解释的层次性与语境

生物学中功能陈述的作用是描述和解释，描述作用主要体现为用功

① Denis M. Walsh. A Taxonomy of Functions [J]. Canadian Journal of Philosophy. 1996，26(4)：512.

能对生物学特征进行分类，解释作用主要体现为用功能来解释生物学中一些特征、机体、行为、能力的存在或如何存在以及存在机制等。本节主要讨论生物学中为什么会有如此多类型的功能陈述。生物学学科内部研究领域的多样性、解释的层次性以及语境决定了生物学功能陈述的多样性。

一、生物学学科的多样性

早期的生物学主要是对自然的观察和描述，是关于博物学和形态分类的研究。按照生命运动所具有的属性、特征或者生命过程来划分，生物学有生理学、遗传学、生态学、生物物理学、生物数学、生物化学等。按生物界层次来划分，生物学有分子生物学、细胞生物学、个体生物学、种群生物学等。随着科技的不断发展，一些新的学科不断分化出来，另一些学科又在走向融合。生物学分科的这种局面反映了生物学极其丰富的内容。为了方便讨论，本书借用了迈尔对生物学学科的粗略分类，即将生物学分为进化生物学与功能生物学。

迈尔将生物学明确地区分为进化生物学与功能生物学。进化生物学的特点是：（1）研究远因，回答“为什么”的问题；（2）主要采用观察、比较的研究方法，是属于“定性”的研究；（3）注重进化历史中的独特性。功能生物学的特点是：（1）研究近因，回答“怎么样”的问题；（2）主要采用实验研究方法，是属于“定量”的研究；（3）注意结构元件的运行和相互作用。按照迈尔的学科分类，形态学、生态学、遗传学可以归为进化生物学，而生理学、生物物理学、生物数学、生物化学等可以归为功能生物学。但在生物学实践中，进化生物学与功能生物学是相互渗透的。遗传学中对基因组、蛋白质组到代谢组的遗传信息传递，以及细胞信号传导、基因表达调控网络的研究则需要一些定量的研究方法，离不开作为研究铺垫的生物数学和生物化学。20 世纪 20 年代以后，人们开始建立数学模型，模拟各种生命过程，生物数学学科由此兴起，但建立数学模型的前提是已经对生命过程有初步假设，而这个假设来源于人们早期已有的一些进化生物学知识。

生物学学科的多样性与交叉性导致了在生物学背景下使用功能陈述的多样性，如果忽视了这种功能陈述的多样性就会引起一些不必要的争论。在对生物特征进行分类时，生物学家通常要根据功能对器官或其他层次的性状进行分类，例如，把不同生物的具有搏血功能的器官都归为心脏这个自然类，这种分类方法也称功能扩张论；也可以根据同源关系来进行这种分类，例如，尽管人的阑尾已经没有了消化功能，我们仍然把人类的阑尾与食草动物的阑尾归为一类，因为它们来自共同祖先的同一个解剖构造，此种分类方法也称功能简约论。究竟按照哪种方法对生物学特征进行分类，引发了功能扩张论与功能简约论之争。其实，功能扩张论中所涉及的功能是选择效用的功能，是在进化生物学中谈论分类问题；而功能简约论中所涉及的功能是因果功能，是在解剖学、生理学等功能生物学中谈论分类问题，没有弄清楚功能陈述的多样性导致了二者的一些无效争论。

二、解释的层次性

生物学中不同的功能陈述在不同的解释中有着不同的作用，即使是一个解释也常使用不同的功能陈述。生物学作用功能陈述常常处于生物学解释中较为基础的层次。

乌特尔将求助于生物学优势的解释称为“设计解释”（design explanations），他认为“设计解释常开始于一个生物学作用，生物学作用只是解释的第一步，而不是完全解释，之后还有为什么以这种方式表现作用比以另一种方式表现作用更有优势”[①]。比如，蛇舌头的细长分叉形式的设计解释陈述：蛇的舌头在追踪（trail-following）机制中有一个生物学作用，即在两个不同的点同时捕获化学物质，并且继续通过阐明这种性质去解释为什么细长分叉形状舌头比不是这种形状的舌头更有优势，即一个钝形（blunt）舌头不能被用来在两个点同时捕获化学物质。如果忽视解释的细节，可能只看到如下陈述：细长分叉的舌头有允许追踪的功能。但是，乌特尔认为这句话不是简单的关于“性状 x 有功能 f”中对一个性状的评论，而是一个复杂的陈述，包含两个方面：（1）在追踪中蛇的舌头有一个生物学作用；并且（2）因为这个作用，

① Arno G Wouters. Four Notions of Biological Function [J]. Studies in History and Philosophy of Biological and Biomedical Sciences，2003（34）：660.

这个舌头的分叉形式是有优势的。除“设计解释”外，乌特尔认为历史选择解释也开始于一个生物学作用。一个生物学作用被用来解释为什么变体（variants）被自然选择所厚。历史选择解释实质上不是说某性状存在是因为它有一个作为选择效用的功能，而是说某项目 i 有一个特性（character）s 是因为在过去（1）i 表现生物学作用 f；并且（2）具有特性 s 的项目 i 的变体，比起具有其他特性的项目 i 的变体，前者更被选择喜爱，因为在相关环境中，f 对具有特性 s 的一个 i 来说，要比 i 具有其他特性来说有更好的表现。

三、功能陈述的使用与语境相关

在生物学中，常会使用不同的功能陈述来解释现象，以下借用埃德蒙德·鲁塞尔（Edmund Russell）曾使用的例子[①]详细说明。

20 世纪初，美国西部的果农注意到这样一个现象：对果树喷洒一段时间的杀虫剂后，原本能大量杀死果树上昆虫的杀虫剂会失效。很多昆虫学家认为是果农用药的方法不对，否则就是厂家生产的杀虫剂质量出现了问题。但少数昆虫学家注意到杀虫剂失效的现象发生在以下地区：果农购买了质量合格的杀虫剂并且按照正确的使用方法为果树喷洒杀虫剂。而在另一些较少使用杀虫剂的地区，喷洒杀虫剂则不会出现杀虫剂失效的情况。这一发现令科学家们猜想：是不是这些昆虫身上有能够抵抗杀虫剂的孟德尔遗传基因[②]？但如果是这样，频繁使用杀虫剂的地区和较少使用杀虫剂的地区都应该出现杀虫剂失效的现象，而事实是喷洒杀虫剂越多的地方具有抗药能力的昆虫越多。此后的 20 多年，这一现象一直令人费解。

20 世纪 30 年代，杜布赞斯基（Theodosious Dobzhanshy）摆脱了孟德尔遗传学的影响后，终于解开了这个谜。之前，在孟德尔遗传学的影响下，昆虫学家们认为昆虫这一种属随时间的推移并不发生进化。而杜布赞斯基认为随时间的推移以及一些环境的变化昆虫这一种属可能发生进化，长期大量喷洒杀虫剂对昆虫而言是一种自然选择的过程，基于

---

① 参见埃德蒙德·鲁塞尔. 进化史学前景展望［J］. 全球史评论（第四辑），2011（12）：151.

② 孟德尔遗传基因是相对于变异基因而言的，孟德尔遗传学认为不存在基因型变异，只存在表现型的不同。

偶然的因素，少数昆虫携带有抵抗杀虫剂的基因，经过一段时间，杀虫剂消灭了不具有抗药能力的昆虫，留下的具有抗药能力的昆虫继续繁殖，如此一来具有抗药能力昆虫的比例就越来越高，而不具有抗药能力的昆虫越来越少，最终导致杀虫剂失效。杜布赞斯基的这一解释包含了选择功能陈述以及适应功能陈述，昆虫在逐渐适应大剂量杀虫剂的环境的过程中体内携带抗药基因，通过自然选择保留了具有抗药基因的昆虫，淘汰了不具有抗药基因的昆虫。

杜布赞斯基的解释简单明了，既解释了为什么随时间的推移具有抗药基因的昆虫数量越来越多，又解释了为什么喷洒杀虫剂越多昆虫的抗药能力越大的问题。

但或许我们还有疑问："为什么最开始的少许昆虫携带有抗药的基因?"杜布赞斯基将这归于偶然因素显然不能满足人们的求知欲。随着分子遗传学的发展，对于昆虫抗药性的解释会更为细化，这种情况下的解释大多使用生物学作用陈述，通过描述一个特征或活动如何对有机体的一个复杂能力的突现有贡献来解释现象。如分子遗传学研究表明在真核生物中，存在着反转录转座子（retrotransposon 或 retroposon），它是通过以 RNA 为中介，反转录成 DNA 后进行转座的可动元件。"反转录转座子干扰生殖细胞的遗传编程，实际上为每一代生物创造了遗传变异的可能，物种得以拥有强大的适应能力。"① 正是由于昆虫体内存在反转录转座子，在外界环境（杀虫剂）的刺激下，反转录转座子干扰了昆虫细胞的遗传编程，从而促成了昆虫带有阻抗杀虫剂基因的变异。

但即使是这样的解释仍然不能回答"杀虫剂是如何导致反转录转座子干扰昆虫细胞的遗传编程的"，回答这一问题还需要借助于对杀虫剂的化学成分结构的分析以及杀虫剂化学成分与反转录转座子相关性的分析。

当我们谈论解释时，必定与解释主体相关，而解释主体的解释活动一定是针对某些提问而给出的。"进化生物学家辛普森（C. G. Simpson）把生物学中的几种提问方式概括为：'什么''怎样''为了什么''怎么来的'。'什么'是由描述生物学给出的，'怎样'是由实验生物学验出

① 严锋，等. 新发现［J］. 新发现，2012（12）：35.

的，‘为了什么’则指功能或目的，而‘怎么样’和‘为了什么’都可被‘为什么’所取代。因此‘为什么’可有两种不同含义：一是指因果的或决定的方面，二是指目的论的方面。最后，‘怎么来的’则指发生学的方面，即进化或起源。因此，大多数生物学家都同意，生物学是一个主题广泛而繁复的领域，这首先反映在生物学的提问方式上。”① 不同的学科可能会有不同的提问方式，而不同的提问方式可能带来不同的解释。在不同的语境下，会使用不同的功能陈述来回答问题。

当我们问：“鸟为什么有翅膀?”我们可以回答：“因为翅膀有飞翔的功能。”我们可以继续追问：“为什么鸟的翅膀有飞翔的功能?”答曰：“鸟的祖先的翅膀能够飞翔，并且这种能够飞翔的翅膀被自然选择所厚，在过去有贡献于鸟祖先的适合度。”在第二轮的回答中，就使用了选择效用功能陈述。如果我们问：“为什么鸟有翅膀而兔子没有翅膀?”可以用生物学优势意义功能来回答：“鸟翅膀有飞翔的功能，具有这种功能的翅膀与不具有这种功能的兔子前肢相比，前者在空中飞行中更有优势。”如果问：“鸟如何在空中飞翔?”答曰：“鸟翅膀骨骼结构、肌肉收缩能力、翅膀的扇动频率等使得鸟翅膀有飞翔的能力。”此处显然是用生物学作用功能陈述来回答问题。

再如，当我们问：“为什么变色龙有可以变色的皮肤?”可以用生态适应功能来回答：“变色龙的皮肤能随背景变化而改变体色，使之与环境相协调，这种特征能使变色龙皮肤具有得以伪装的功能以躲避捕食者，并能很好地使自身隐匿于环境中伺机捕食猎物。”如果继续追问：“变色龙的皮肤如何变色?”则可以回答：“变色龙皮肤有三层色素细胞，最深的一层是由载黑素细胞构成，其中细胞带有的黑色素可与上一层细胞相互交融；中间层是由鸟嘌呤细胞构成，它主要调控暗蓝色素；最外层细胞则主要是黄色素和红色素。基于神经学调控机制，色素细胞在神经的刺激下会使色素在各层之间交融变换，实现变色龙身体变色的功能。”显然，对“变色龙的皮肤如何变色”的回答使用了生物学作用功能陈述。

---

① Rolf Sattler. Biophilosophy, Analytic and Holistic Perspectives [M]. Berlin Heidelberg: Springer-Verlag Berlin Heidelberg, 1986: 181.

如果我们问："为什么有汽车?"答曰："人们制造汽车，使它具有运输功能，以此方便人们的日常生活。"如果问："汽车如何运输?"则可以通过分析汽车的具体结构和工作原理来回答。前一轮问答中所使用的是意向功能陈述，而后一轮中则使用生物学作用功能陈述。语境的不同以及提问者兴趣的不同，使得功能陈述具有不同的类型。某单一类型的功能陈述不可能满足提问者的不同兴趣，也不可能适用于所有语境。

总之，生物学学科的多样性从学科背景上决定了生物学功能陈述的多样化，解释的层次性以及语境的不同从语言使用上决定了不可能只有单一类型的生物学功能陈述。

第二章　功能语言的描述作用

生物学中功能语言的描述作用体现在通过描述功能（用于分类的功能语言也称为本征功能）对生物特征进行分类，例如把不同生物的具有搏血功能的器官都归为心脏这个自然类。然而，生物学中也有根据同源关系进行的分类，如尽管人的阑尾已经没有了消化功能，我们仍然把人类的阑尾与食草动物的阑尾归为一类，因为它们来自共同祖先的同一个解剖构造。生物学特征分类的依据究竟是“功能”还是“同源关系”呢？这取决于如何理解用于分类的“本征功能”。尼安德认为，生物学中的功能语言主要是关于选择功能（selective function）的，从而关于生物机体组成部分的分类都是根据选择功能作出的。她的这种观点被称为功能扩张论（functional revanchism）。格瑞菲斯主张功能简约论（functional minimalism），按照这种观点，生物学中的功能语言主要是关于因果功能（causal function）的，根据因果功能只能对各种结构和性状给出直接描述，不能作为对生物体组成成分进行分类的依据；只有同源（homology）才是这种分类的依据。这一章从考察本征功能的定义入手，尝试澄清功能扩张论与功能简约论的争论，并以此为启示，认为分类实践包含定义和鉴定两个环节，功能描述在多数情况下只是一种鉴定活动，而为某种生物组成部分或过程规定某种本质却是在下定义。因此，描述论与本质论不应成为直接对立的两种观点。本质主义的问题在于：用定义标准来充当鉴定标准，使得我们在不能直接观察定义的本质时无法进行鉴定活动。描述主义的问题在于：用鉴定标准来充当定义标准，从而在存在多种鉴定特征时，就会把同一个类看作多个类。

第一节　本征功能的定义

“某性状具有功能 F”与“某性状起到了 F 的作用”，这两种表述是有区别的。前者通常意味着某种结构被设计出来的目的，而在后者中 F 与设计目的没有必然联系。例如，一只杯子被设计出来是作为饮水的器具，但它可以被当成压纸的工具、一件艺术品、蝴蝶的标本瓶，等等。用来饮水是杯子的本征功能（proper function），其他则是非本征功能。指出一个生物学性状的本征功能，就是指出了这个性状出现的原因或理由，因而本征功能可以被用于解释相应结构为什么存在。储存糖原和分泌胆汁的进化意义就解释了肝脏的存在，而作为肝吸虫的寄主这一点，就不能解释肝的存在。

自密立根 1984 年提出“本征功能”概念以来，生物学哲学家围绕这个概念的非目的论解释大致形成了两类意见：前因论（etiological theory）和倾向论（theory of propensity）。密立根、尼安德和格瑞菲斯等人按照前因论的方法来解释本征功能，主要特点是强调一种性状在祖先那里所执行的功能及其对适合度的影响。毕格罗与帕吉特、巴顿和伯特兰等人主张用生存倾向（propensity）来解释本征功能，这是倾向论的进路。

说一种性状 T 的功能 F 是本征功能，是说 F 与 T 之间有必然的一一对应关系。假如我们遵循自然目的论，就可以把 T 的本征功能理解为 T 的目的，从而本征功能的定义是明确的。但是，这种解释预设了神秘的自然目的，生物学家是不能容忍的。无论是密立根、尼安德和格瑞菲斯对本征功能的前因论解释，还是毕格罗、巴顿和伯特兰对本征功能的倾向论解释，都试图在回避目的论预设的前提下来定义本征功能。然而，他们都是不成功的。前因论用选择和进化来说明本征功能，但选择和进化具有或然性，用或然性来定义必然性，必定导致定义的失败。倾向论虽不强调选择，但所谓生存倾向又是与具体环境相联系的，具体环境的多变导致了实现生存倾向的不确定性，因为倾向论不能完全定义实现生存倾向的全部条件。

生物学性状与其效应之间的关系不是一一对应的。它们之间的关系除了具有一定程度的依随性外，还具有环境依赖性。在选择史上，本征功能并不能反映性状与效应之间的实际关系。想通过进化史或选择史来对本征功能进行自然化说明是行不通的。倾向论定义是一种条件句，实质反映的是实现生存倾向的条件，具有或然性。想通过或然性来对具有必然性的本征功能进行说明也是不可行的。

一、几种前因论的本征功能定义

前因论用选择史来定义本征功能，实则是用或然性来定义必然性，这导致前因论对本征功能的定义会面临诸多困难。其中，密立根和尼安德基于自然选择和进化史把本征功能定义为一个性状过去一直具有且能够增加适合度的效应，格瑞菲斯则把本征功能定义为最近进化意义周期内的一种特征的选择效应。这两种定义都强调进化史的原因，故都是前因论的。

按照密立根的观点，一个项目 A 的功能 F 是它的“本征功能”（proper function）需要满足以下两个条件中的一个：

（1）A 是作为某些先前项目的复制品（例如作为一个拷贝或拷贝的拷贝）而起源的，这些先前项目部分地由于具有繁殖性质而在过去一直行使 F，且 A 的存在是因为（因果上）它表现的 F。

（2）A 是作为某些先前设计（device）的产物而起源的，由于这种前设计，在给定的境况中，作为本征功能的 F 就得以表现，并且在这种境况下，只要产生出类似 A 的项目一般就会导致 F 的表现。①

密立根对本征功能的解释会遇到如下困难：

首先，面临偶然复制体困难。假如牧羊犬 Lassie 的心脏具有搏血这样的本征功能，按照密立根的说明，Lassie 的偶然复制体 Massie 的心脏就无功能，因为 Massie 的存在完全是因为偶然，而不是因为心脏过去表现搏血功能。

其次，按照密立根的定义，功能 F 是 A 存在的必要条件，而功能 F 的实现又必需 A。这就导致循环解释。

---

① Ruth Garrett Millikan. In Defense of Proper Functions [J]. Philosophy of Science，1989（2）：288.

尼安德试图避免密立根的循环解释困难。她对“本征功能”的定义是：“一个生物体（O）的一个项目（X）的功能，就是X型项目过去对O祖先的广义适合度（inclusive fitness）的贡献，由于这种贡献，使得该基因型被自然选择所厚，这里的X就是那种基因型的显性表达。”[①]例如，一个人的对生拇指的功能是抓握物体，有贡献于这个人祖先的广义适合度，并且这导致该基因型被自然选择所厚，而对生拇指就是那种基因型的显性表达。

按照尼安德的这个定义，X的功能是过去对祖先广义适合度的提高，这种定义不再将功能作为项目X存在的必要条件，故而避免了密立根的循环定义问题。但仍面临如下困难：

第一，按照尼安德的定义，本征功能所附着的性状一定是由祖先个体的某种基因决定的。这就不能包括生物界并不少见的一种生物的性状由另一种生物基因决定的情况。例如，橡树上是否生长五倍子是由瘿蜂的基因决定的，但长出五倍子也是橡树的本征功能。可是，按照尼安德的定义，这种功能不是橡树的本征功能。

第二，在生物界中普遍存在获得一个新性状而使群体规模实际减小的情况。例如，一个“鸽”型群体由于突变而出现了“鹰”性状的个体，使“鸽”性状的个体在群体中的比例下降，同时也使群体规模减小。按照通常的理解，“鹰”性状具有的争斗功能应当是本征功能，但按照尼安德的定义，“鹰”性状没有增加群体的广义适合度，因而也就不具有本征功能。

第三，退化性状的问题。现存鼹鼠的视力完全退化。按照尼安德的定义，鼹鼠的眼睛过去能看东西，这对鼹鼠祖先的广义适合度有贡献，所以鼹鼠眼睛的本征功能是看东西。但事实上，现在鼹鼠的眼睛已经失去了原来的功能，看东西还是鼹鼠眼睛的本征功能吗？

第四，如果本征功能只能依据自然选择来定义，那么在没有自然选择理论时，本征功能的概念还能定义吗？哈维在发现心脏的功能是搏血时，达尔文的自然选择理论还没有出现，但我们还是相信搏血就是心脏

---

① Karen Neander. Functions as Selected Effects: The Conceptual Analyst's Defense［J］. Philosophy of Science, 1991, 58 (2): 174.

的本征功能。

第五，对无生育能力的骡子来说，其心脏的搏血功能并不能增加群体的适合度。按照尼安德的定义，骡子的心脏的本征功能该怎样定义呢？

第六，心音也会影响适合度，但心音只是心脏跳动的附带功能，并不是心脏的本征功能。尼安德的定义并不能将心音这种附带功能排除在外。

尼安德的这个定义以自然选择原理和选择史为基础，但显然也是不成功的。

假如不考虑选择史，而只考虑一种特征在当前的选择效应，是否可以定义本征功能呢？格瑞菲斯按照这个思路，对本征功能作了以下定义："令 i 是 S 型系统的一个性状，i 在 S 中的本征功能是 F，当且仅当，对于具有 i 性状的 S 当前比例不为零的最近选择解释必须把 F 作为由 i 赋予的适合度的一个成分。"[①] 这里，i 性状对于提高 i 性状携带者的适合度有多种作用，F 只是其中的一种；说 i 性状具有本征功能 F，是说 i 性状是关于 F 功能的一个适应结构，该适应结构因为表现出 F 功能而被选择。格瑞菲斯的本征功能定义在以下三个方面克服了尼安德的困难：

第一，由于格瑞菲斯的定义强调了正确的系统类 S，这可以解决尼安德所遇到的第一个困难。比如，将"橡树—五倍子—瘿蜂"作为系统 S，而不是把"橡树—五倍子"作为系统 S。在这个独特的系统中，瘿蜂的一个本征功能是使橡树上产生五倍子，当且仅当，具有瘿蜂的"橡树—五倍子—瘿蜂"系统当前比例不为零的一个最近选择解释是：使橡树产生五倍子就是瘿蜂赋予 S 的适合度的一个成分。

第二，按照格瑞菲斯的定义，本征功能只对相应性状的当前选择优势负责，而不必对携带相应性状个体的"比例增加"负责。这就避免了尼安德所面临的第二个困难。

第三，格瑞菲斯定义中的"最近（proximal）选择解释"能解决退化

① Paul Edmund Griffiths. Functional Analysis and Proper Function [J]. Philosophy of Science, 1993 (44): 418.

性状的问题。所谓“最近（proximal）选择解释”，是指基于选择力的当前作用倾向对于携带某性状个体的比例不为零所给出的解释。选择力的当前作用倾向所持续的时间叫作最近显著进化期（the last evolutionarily significant period）。按照格瑞菲斯的定义，退化性状分为两类：一类是选择上无意义的无用性状，另一类是表现出新功能的性状。第一类退化性状在最近显著进化期内的突变率低于预期，不在“最近选择解释”的讨论范围内。比如鼹鼠的眼睛就属于第一类选择上无意义的无用性状，不在“最近选择解释”的讨论范围内。第二类退化性状在最近显著进化期中受到选择力的作用，例如人的阑尾在最近进化显著时期中的作用是为人体提供免疫力，而不再是前一个进化显著时期中的消化食物。

但是，格瑞菲斯的本征功能定义仍有缺陷。首先，仍然不能为无生育能力的生物（如骡子）的性状定义出本征功能，也不能把诸如心音这种附带功能排除在本征功能之外。其次，格瑞菲斯所要求的正确系统类S是难以定义的。我们选择正确系统类S的标准是什么？格瑞菲斯没有给出这样一个标准。如果没有一个标准，那就意味着我们可以根据解释的需要随意扩大系统S的范围。这样，他对尼安德第一个困难的解决就是令人怀疑的。

由于尼安德对本征功能的定义强调了历时较长的选择史，故而称其为强的前因论；格瑞菲斯的本征功能定义没有诉诸这种选择史，但保留了最近进化意义周期的选择作用，可以叫作弱的前因论。两者都诉诸选择史，区别仅在于上溯的时间长度不同。上述考察表明，无论是强的前因论还是弱的前因论，均不能给出本征功能的恰当定义。

二、倾向论的本征功能定义

前因论用选择史来定义本征功能，实质上是用或然性来定义必然性，这是导致前因论本征功能定义失败的根本原因。如果不用选择，而改用倾向，是否可以定义本征功能呢？也有学者沿着这一思路进行了讨论。

毕格罗与帕吉特对功能的定义是，在一个自然生境（habitat）中，某结构或性状有一个生物学的本征功能，“仅当它将一个增加生存力倾向（survival-enhancing propensity）赋予拥有这个结构或性状的生物”[①]。这种功能有四个特点：

第一，功能的这种说明必须涉及特定环境和条件。一个特征可能在自然生境中能增加生存力倾向，而在另外的环境下可能就是致死的。按照毕格罗等的理解，一个物种的自然生境是指该物种的器官得以正常行使功能的条件系统。生长在水中的莲，其叶片非常大，这种大叶片有助于莲接受更多的空气和阳光，给予了莲增加生存力的倾向；但如果把莲放在沙漠中，它的大叶片会因为面积大而蒸发过多的水分，导致莲很快缺水而死。水对莲来说是自然生境，而沙漠则不是。

第二，这种定义是由条件句来表述的。这样，当一个生物并不在自然生境中时，无论一种性状是否增加了生存力的倾向，都不会影响此定义的恰当性。

第三，存在着用形式语言完善这个定义的可能性。例如，可以使用精确的概率和微积分语言来定义“增加生存力倾向”。

第四，倾向理论的适用范围问题。毕格罗与帕吉特认为倾向理论不仅适用于生物学，也适用于人工物。工匠可能并不完全明白为什么扇形斧比圆形斧好用的原因，但仅仅因为它好用，就得以流传。

毕格罗与帕吉特的倾向定义不涉及选择，故而不会遇到前因论定义的困难，但这种倾向定义也是难以接受的：

第一，循环定义问题。毕格罗和帕吉特对功能的分析中需要用到“自然生境”的概念，而他们对这一概念的定义却又用到了“增加生存力倾向”。

第二，由于倾向定义是一个条件句，则任何功能都可以被看成是本征功能，只要假定具有这种功能的生物没有生活在自然生境中。

第三，假设在一个群体中引入了一个纳粹型的基因变异，这种变异基因能够杀死群体中所有不携带这种突变基因的个体。这种新变体满足了毕格罗的本征功能定义，因为它增加了新变体自身的生存倾向。但这种杀死本群个体的特性不应被认为是本征功能，因为它并不增加整个群体的生存倾向。

---

① J. Bigelow & R. Pargetter. Function [J]. The Journal of Philosophy，1987，84 (4)：192.

第四，身体中有这样的机制，即仅当身体的其他部分被损坏或紊乱的情况下，它才有功能，如免疫细胞、凝血机制或疤痕形成机制。按照毕格罗等人的定义，这种免疫机制不被作为本征功能，因为机体被损坏的情况不是自然生境。

这些困难，尤其是循环定义的困难很难被克服，故而毕格罗与帕吉特的本征功能定义仍是不成功的。

巴顿为了避免毕格罗与帕吉特定义中由于“自然生境”所带来的困难，用“共同环境”来替代“自然生境”。他把“共同环境”定义为“产生这个特征的共同机制活动，也指这个特征所属的共同的物种”[①]。按照巴顿的定义，共同环境有一段足够长的持续期，决定着一个物种共同基因的编码和表达机制。因此，共同环境包含了编码临界条件和机制临界条件。

这个定义并不用自然生境来定义本征功能，所以不会遇到循环定义的困难。但这个改进后的定义并不能解决毕格罗所遇到的第三和第四个困难。

此外，共同环境概念使得本征功能的定义过于严格。按照这种定义，只能把一个物种的一般特征包含进来，而不能定义物种中不同群体的本征功能。因为，一个物种的不同群体将面临不同的选择压力，因而它们的机制临界条件不可能是相同的。例如，虎这个物种包含 8 种地理上独立的亚种，这些亚种由于在各自不同的环境中面对不同的选择压力而具有不同的特征。苏门答腊虎身上的斑纹间隔很小，这是因为苏门答腊虎在密林环境中需要更好的伪装，并因此增加它接近和捕食猎物的能力，从而增加了生存倾向。这些斑纹有一个基因机制，这个机制是在回应密林的独特选择压力中进化而来的。然而，因为虎的其他亚种并不生活在密林中，不共享这些选择压力。按巴顿的定义，苏门答腊虎的斑纹间隔小所表现的伪装功能并不被认为是本征功能的一个示例。

鉴于上述困难，伯特兰沿着放宽共同环境条件的思路，对倾向论的本征功能定义作了改进。“在一个群体 P 中，一个器官或有机体的特征

---

① Adrian Bardon. Reliabilism，Proper Function，and Serendipitous Malfunction [J]. Philosophical Investigation，2007，30：57.

C有功能，当且仅当，对拥有C的器官或有机体来说，C增加P在环境中保存或将保存的生存力倾向，这里所讲的环境是指在显著进化期内P被保存或将被保存的环境。”[1] 伯特兰的本征功能定义借用了格瑞菲斯的“显著进化期”概念。按照格瑞菲斯的定义，在显著进化期，只要“给定控制性状T基因位点的突变率和群体规模，我们就可以期待T有足够多的变异，如果这个性状对适合度无贡献，那么就容许显著退化”[2]。也就是说，确定一个性状是不是在显著进化期内，要看该性状有无足够的变异，以及这些变异是否对适合度有贡献。伯特兰与格瑞菲斯的区别在于，他不强调性状对群体适合度的贡献，而只强调性状在显著进化期由于表现其功能而对性状携带者生存力的提高。

强调“显著进化期”有助于区分偶然功能与本征功能。煤矿发生事故时，被困矿工在低氧环境中心跳频率降低，这可以增加其生存力。按伯特兰的定义，这种情况下矿工的低心率不应被作为本征功能，因为矿工出现低心率只是偶然发生的，并不在“显著进化期”内。然而，如何确定显著进化期往往存在操作困难，因为确定一个特征的显著进化期与群体规模和该特征基因位点的突变率相关，还要弄清我们难以了解的基因机制，即在什么条件下一个特征能够增加生存力。

倾向论虽几经修正，却仍会面临各种困难，无法给出本征功能的恰当定义。

三、性状、本征功能与设计目的

前因论方法和倾向论方法都不能恰当定义本征功能。按照本书的理解，本征功能的实质是性状与其效应之间稳定的必然联系。当一种作用或功能与表现这种功能的特征或结构具有某种必然的联系时，就说这种功能是该特征（character）的本征功能。这对一件人工物来说是容易理解的：只要知道了制造这种物品的目的，也就理解了该物品的本征功能。本征功能与设计或目的同义，设计目的在功能与特征之间建立了必

---

① Michael Bertrand. Proper Environment and the SEP Account of Biological Function [J]. Synthese, 2013, 190 (9): 1513.

② Paul Edmund Griffiths. Functional Analysis and Proper Function [J]. Philosophy of Science, 1993 (44): 417.

然联系。然而，按照目的论来理解生物的某种特征是科学家不欢迎的。

为了避开目的论，强的前因论解释诉诸进化史，但进化是无目的的；弱的前因论解释则诉诸选择力在当前的因果效应，但因果效应又是与具体环境相联系的。进化的无目的性和选择的环境依赖性，在原则上决定了不可能按照前因论的解释路径把性状与特定功能（或某种效应）必然地联系在一起。倾向论实质上反映的是一种因果效应，但因果效应与具体环境相联系，环境的多变性导致了因果效应的不确定性；此外，倾向论定义还会遇到一些操作困难（如怎样确定显著进化期）。

生物性状的本征功能是否可定义问题，其实就是性状与效应之间有没有稳定的一一对应关系问题。对此，答案只能是否定的。离开设计目的来定义本征功能是不可能的。这可以从以下两个方面来理解。

第一，生物特征或性状究竟有何种功能或效应，这只能相对于具体的环境条件来定义。同一性状在不同的条件下会有不同的功能或效应。狼的长腿这个性状，在平原地区有利于奔跑，从而有助于狼捕食猎物或躲避天敌；但在崎岖的山路上，狼的长腿容易折断，不利于狼的生存。大叶片对于生长在水中的莲的效应是接受更多的空气和阳光；而生长在沙漠中的仙人掌的叶片已经缩小为刺状，这种刺状叶片的效应是减少水分的蒸发。同样是植物的叶子，因为环境的不同，叶的大小呈现了不同的选择效应。

第二，“本征功能”与“设计目的”是同义的，试图避开目的论解释来定义本征功能在原则上是不可能的。本征（proper）一词具有专属、特有之义。说一种功能是某种结构的本征功能，这已经预设了该结构的设计目的，是用本征功能替代设计目的给出的目的论陈述。如果在不预设某种设计目的的前提下来陈述性状与效应的某种关系，那就要陈述出这种关系出现的条件。在平原上长腿有利于快速运动，而在崎岖不平的山路上长腿就不利于快速运动。长腿与快速运动之间的因果关系要由平原这个条件来保证。如果不考虑造成性状与效应之间某种关系的一切环境条件，我们就只剩下设计目的可以考虑了。从这个角度来说，倾向论者依据环境来定义功能具有更大的合理性。然而，他们以为通过规定“自然生境”或“共同环境”就能不借助设计目的来定义本征功能，这又是被幻象迷惑了。因为，“自然生境”或“共同环境”无非是能够使本征功能或设计目的得以表现的条件。

笔者的结论是，承认设计目的，无论是自然的还是神学的，就可以有本征功能；而不承认设计目的的存在，定义本征功能就是徒劳之举。其实，一种结构或性状在通常情况下所表现出来的功能或效应已经足以表达使用本征功能概念的人的意思，尽管“通常情况”的意义并不十分明确。

第二节　生物学特征分类的依据

按照普特南和克里普克的新本质主义观点，自然类是由微观结构来定义的。金就是原子序数为 79 的元素，水就是分子结构为 H_2O 的化合物。他们在论证这个观点时，主张应当把自然类的名称理解为专名。既然自然类的名称是专名，描述某自然类观察性质的涵义就不是必要的，也不是充分的。在生物学中，一个物种是一个自然类。按照普特南和克里普克的定义，似乎应当用基因结构来定义物种这样的自然类。这种划分自然类的标准显然并不适合于物种分类的实践。“物种的微观结构观点基本上是错误的。”①

20 世纪 70 年代，基色林和霍尔等人提出了“作为个体的物种”的概念。这个概念有两方面的意义：“一是强调物种不能被看成自然类（natural kind）或由定律式的原则和基本性质来定义的集合（set）集体（class），不存在能够把一些个体划分到一个类群的必然规律；另一方面，强调物种是自然个体（natural individual），也就是说物种有确定的时空限制，同时，由于系统演化而使不同物种之间存在着历史关系。”②分支分类学上把物种作为一个进化支，强调共同祖先的分类原则，就体现了物种的历史性。

最近 20 多年，生物学哲学家们又试图把这种自然类划分的历史性标准应用于对生物体组成部分和过程的分类。在这些生物学哲学家看来，本质主义的微观结构标准不仅对于物种的划分是错误的，即使对于

① Paul Edmund Griffiths. Cladistic Classification and Functional Explanation [J]. Philosophy of Science, 1994, 61 (2): 206.

② 董国安. 生物学哲学 [M]. 哈尔滨：哈尔滨出版社，1998：171.

生物有机体的结构分类也是不合适的。的确，生物学家通常要根据功能对器官或其他层次的性状进行分类，例如，把不同生物的具有搏血功能的器官都归为心脏这个自然类；也要根据同源关系来进行这种分类，例如，尽管人的阑尾已经没有了消化功能，我们仍然把人类的阑尾与食草动物的阑尾归为一类，因为它们来自共同祖先的同一个解剖构造。如果把功能解释为因果效应，则功能的分类标准并没有体现出历史性；如果没有相关的系统发育知识，同源的分类标准就不能使用。在这种情况下，该怎样概括生物学中对生物体组成部分的分类实践呢？

尼安德认为，生物学中的功能语言主要是关于选择功能（selective function）的，从而关于生物机体组成部分的分类都是根据选择功能作出的。她的这种观点被称为功能扩张论（functional revanchism）。格瑞菲斯主张功能简约论（functional minimalism），按照这种观点，生物学中的功能语言主要是关于因果功能（causal function）的，根据因果功能只能对各种结构和性状给出直接描述，不能作为对生物体组成成分进行分类的依据；只有同源（homology）才是这种分类的依据。

在已有的实践中，生物学家对生物组成部分和过程的分类大都反映了同源关系。这表明格瑞菲斯的主张更贴近生物学的实践。依据选择功能和依据同源关系的分类具有重叠之处，格瑞菲斯没有对此给出说明，也没有指出功能扩张论的错误根源。

本节要对功能扩张论与功能简约论的争论进行综述。在上一节讨论本征功能（proper function）的定义问题基础上，笔者要进一步指出，当本征功能可完全定义时，由选择功能定义的自然类与由同源关系定义的自然类可以是一致的；而当本征功能不能完全定义时，选择功能的意义也不明确，从而依据选择功能的分类就不能反映同源关系。由于功能与性状之间不是一对一的关系，这从根本上决定了本征功能在选择史上具有不可定义性。

分类活动包含定义和鉴定两个环节，将功能作为分类依据要分清它是属于定义标准，还是属于鉴定标准。功能作为一个类的定义标准，比如把搏血作为心脏的标准，是不允许违反的；功能作为鉴定标准，就可以有反例，比如把光合作用作为叶绿素的鉴定标准就可能出错，菌类植物也有光合作用，但菌类植物不含叶绿素。定义标准是先验的，而鉴定标准的适用性是要靠经验来检验的。

本质主义的问题在于：用定义标准来充当鉴定标准，使得我们在不能直接观察定义的本质时无法进行鉴定活动。描述主义的问题在于：用鉴定标准来充当定义标准，从而在存在多种鉴定特征时，就会把同一个类看作多个类。

一、选择功能与同源关系

为了弄清尼安德与格瑞菲斯争论的实质，这里先讨论选择功能和因果功能这两个概念的含义。

选择功能——例如，一个核苷酸序列 GAU 具有为天冬氨酸编码的选择功能，如果我们推论说，这个序列通过自然选择的进化是由于该序列具有把天冬氨酸插入祖先生物的某种肽链的作用。

因果功能——例如，一个核苷酸序列 GAU 具有为天冬氨酸编码的因果功能，如果该序列在含有这种序列的生物中具有把天冬氨酸插入某种肽链的作用。[①]

这两种功能最大的区别在于：选择功能在研究当前的有机体的功能时要考虑到自然选择的作用，并且要追溯到也具有这种功能的祖先；而因果功能只考虑当前我们研究的这个有机体的实际作用，并不去追溯祖先的这种功能。

尼安德认为，对生物体的结构成分进行分类必须依据功能，而这种功能是选择功能。她的这一主张叫作功能扩张论，基本观点有以下两个方面：

（1）用功能来对生物的组成部分进行分类，广泛地体现在生物学实践中。尼安德指出："生物学家研究生物体组成部分的功能，像研究其结构一样，例如——生理学家使用功能属性来对肌肉组织进行分类，也就是用这些肌肉组织的收缩方式来为肌肉组织进行分类。"[②] 尼安德用来分类的功能，其含义不仅仅是因果效应，还需要追溯到过去。她对

---

① Paul Edmund Griffiths. Function，Homology and Character Individuation [J]. Philosophy of Science，2006，73 (1)：1−2.

② Karen Neander. Types of Traits：Function，Structure and Homology in the Classification of Traits [A] //André Ariew，Robert Cummins and Mark Perlman：Functions：New Essays in the Philosophy of Psychology and Biology [M]. Oxford and New York：Oxford University Press，2002：408.

“功能”一词的意义理解如下：“一个生物体（O）的一个项目（X）的功能，就是X型项目过去对O祖先的广义适合度（inclusive fitness）有贡献，并且这导致该基因型被自然选择所厚，而X就是那种基因型的显性表达。”① 显然，尼安德所理解的“功能”是指选择功能，而不是因果功能。

（2）这种依据选择功能的分类能够消化一些（按照因果功能进行分类造成的）反例。尼安德认为，能消化这些反例的分类必须是“历史性的分类”②。以选择功能为基础的分类在本质上就是一种历史性的分类。例如，小红的心脏缺损，不能正常工作，使得小红只能躺在医院的重症病房靠呼吸机维持生命，那么小红的病态心脏还是心脏吗？如果只依据心脏的结构及其因果功能进行分类，很难回答小红的病态心脏还是不是心脏的问题，因为病态心脏的结构及其因果功能与正常心脏的结构及其因果功能不同。按照尼安德的定义，小红的病态心脏仍然是一个心脏，因为这个病态心脏在祖先那里曾经是最重要的搏血器官，正是具有搏血器官这个特征，大大提高了小红祖先的广义适合度。小红的病态心脏是不是心脏，这个问题需要追溯到小红的祖先那里，通过确认小红的心脏确实是与祖先心脏同源的器官，就可以明确回答小红的病态心脏还是不是心脏的问题。

格瑞菲斯等人不同意功能扩张论，而是提出了功能简约论的观点：“我认为，生物学的功能语言主要指因果功能。选择功能的拥护者认为选择功能是生物学家对生物部分和过程进行分类的主要途径，这是错误的。由同源关系建立的有关生物体结构和因果功能的直接描述，以及由此建立的对生物体部分和过程的分类，形成了判断其余选择功能的基础。按照选择功能的拥护者，直接的结构和功能表述并不包含选择功能的意思。”③

尼安德认为，能够“包含畸形反例的分类”必须是“历史性的分

① Karen Neander. Functions as Selected Effects：The Conceptual Analyst's Defense ［J］. Philosophy of Science，1991，58（2）：174.

② Karen Neander. Types of Traits：Function，Structure and Homology in the Classification of Traits ［A］ //André Ariew，Robert Cummins and Mark Perlman：Functions：New Essays in the Philosophy of Psychology and Biology ［M］. Oxford and New York：Oxford University Press，2002：413.

③ Paul Edmund Griffiths. Function，Homology and Character Individuation ［J］. Philosophy of Science，2006，73（1）：2.

类”，而选择功能对生物机体组成部分的分类就是“历史性的分类”。格瑞菲斯认为，历史性分类并非只有基于选择功能的分类，基于对性状同源关系的分类也是历史的。一个性状（如心脏）的病态与正常状态是同源的，正是因为两者同样来源于共同祖先的相同性状。

尼安德确实夸大了选择功能在对有机体组成部分进行分类中的作用，称其为“功能扩张论”是恰当的。不仅如此，只用选择功能来对生物机体组成部分进行分类，还会存在分类标准过于宽泛的问题。比如：鸟类的翅、节肢动物如蝗虫的翅，如果从选择功能来看都是为了飞行这个功能而被选择的，按照功能扩张论，这两者应被归为一类；乌贼的触角和鱼类的鳍都是游泳的器官，也应被归为一类；进而，由于上述都是因为运动这个功能而被选择的，都应被归为运动器官这个大类。实际上，比较解剖学家没有采纳这样的宽泛标准，如果那样的话，比较解剖就失去了意义。

按照功能简约论，生物学中的功能语言主要是关于因果功能的，关于功能的因果解释不能单独作为对生物体的组成部分或过程进行分类的标准，必须依赖同源关系的确定。依据功能的分类在逻辑上都是以依据同源关系的分类为基础的。格瑞菲斯指出：“生物学家谈论了一个多世纪的‘形式和功能’，特别是诸如解剖学、生理学、比较生物学、发育生物学和分子生物学这些实验科学所阐明的‘形式和功能’，其中‘功能’的意义主要是因果功能。生物学的性状主要通过同源关系来分类。生物学家使用结构和（因果）功能描述性状，如相对位置、胚胎源、发育机制、基因表达等，却通过同源关系来对生物体的组成部分和过程进行分类。由于以这种方式归为一类的组成部分和过程具有同源物的同一性，因而可以但不必被指定一个选择史和选择功能。”①

“不同的同源概念在不同的生物学学科中都可以找到归宿，并反映这些学科的特定的需要。”② 格瑞菲斯 1994 年对分支分类学的同源概念作了如下定义：“同源的性状是统一某进化支的一个特征。同一进化支

① Paul Edmund Griffiths. Function, Homology and Character Individuation [J]. Philosophy of Science, 2006, 73 (1): 16.

② Ingo Brigandt. Homology and the Origin of Correspondence [J]. Biology and Philosophy, 2002 (17): 389-407.

的每个物种都具有这个性状或来源于一个拥有这个性状的物种。”[①] 瓦格奈尔（G. P Wagner）1989 年从发育学的角度对同源作了如下定义：“如果两个个体或同一个体的结构共享一系列发育限制，那么这些结构是同源的。器官分化的自调节机制所起的作用就是这种发育限制的一部分。同源结构在表现型上的差异是发育特化的结果。”[②]

同源与相似是两个不同的概念。同源物可能并不相似，因为它们可能有不同的适应史；非同源结构可能因为趋同而相似。格瑞菲斯为此强调了“同功”（analogies）和“同源”（homology）的差别。人的腿与鸟的腿是同源的，但鸟的腿与昆虫的腿只是同功的。功能扩张论者通过选择功能定义的类只是“同功”，即通过一系列特定的选择压力形成的结构。在这种意义上，脊椎动物和非脊椎动物都有心脏、腿、头和翅膀。鸟、蝙蝠、翼手龙和昆虫的翅膀是为了飞而被选择的结果。然而，在四个分类单元中某一单元（如鸟）允许它们去飞的特征与另一个单元（如昆虫）允许它们去飞的特征不是同源的，不管它们在适应性功能上如何相似。事实上，形成翅膀结构的解剖学性质很清楚，比如，鸟用它们的前肢飞，而蝙蝠却是用它们的手来飞的。由于选择压力造成的结构相似，显然属于趋同性状，如人的腿与昆虫的腿。这种并非同源的结构，在功能简约论者看来是不能归为一类的。

格瑞菲斯认为，通过选择功能（同功）的分类在逻辑上依赖于同源分类：

（1）一个特征（character）具有一种作为选择效应（selected effect）的功能，仅当它是这样一个特征谱系（lineage of characters）的成员，这个特征谱系具有关于那种功能的选择史。

（2）生物生出的是生物，但特征并不生出小的特征。所以，这些特征只有作为祖先和后裔的对应部分，也即作为同源物，才能形成谱系。

（3）说一个特征表现 t 有某种选择功能，按照定义是说 t 是由同源关系定义的类型 T 的一个表现，并且存在 T 的表征谱系（lineage of

① Paul Edmund Griffiths. Cladistic Classification and Functional Explanation [J]. Philosophy of Science, 1994, 61 (2): 212.

② G. P. Wagner. The Biological Homology Concept [J]. Annual Review of Ecology and Systematics, 1989 (20): 51-69.

tokens)，该谱系具有关于那种功能的选择史。①

按照格瑞菲斯的定义，选择功能只是一个特征的表征或表现，表征的谱系体现的是关于这种功能的选择史，而表征谱系依随于由同源关系定义的特征谱系。也就是说，同源关系才是基本的，是表征谱系的基础。逻辑上，根据同源关系进行的特征分类在先，而后才有对一类特征的功能的选择史说明。

尽管格瑞菲斯已经表明了特征谱系是表征谱系的基础，从而依据同源关系的分类在逻辑上具有先在性，但还没有回答这样的问题：依据同源关系的分类和依据选择功能的分类之间究竟有什么区别？两者之间能否重合？这类问题的实质是特征（character）与选择效应（selected effect）的关系，也就是特征谱系与表征谱系的关系。如果特征与选择效应之间是必然地联系在一起的，则特征谱系与表征谱系就是一对一的关系，从而两种分类就是重合的。如果特征与选择效应之间不存在必然的联系，就不能保证特征谱系与表征谱系的一对一关系，从而两种分类之间没有确定的关系。特征与选择效应之间是否存在必然联系，这又取决于本征功能的可定义性。当尼安德把依据选择功能的分类看作是基本的分类时，其前提假定就是本征功能的可定义性，也就是本征功能可以按照选择史来定义。尼安德的这个假定是合理的吗？祛除了目的论，本征功能还是可定义的吗？

二、本征功能及其前因论解释

一个生物学性状的本征功能解决的是关于这个性状为什么会出现的问题，而非本征功能就不是。一个生物学性状具有的选择功能就是一种本征功能。如果选择功能不是本征功能，选择功能所定义的类的各成员之间就没有同源关系，从而这种分类就不够自然。

对本征功能进行前因论解释，就是通过考察进化史来定义本征功能。前因论的解释可以回避目的论的预设，但进化史的复杂性和偶然性又会使本征功能的定义经常出现例外或自相矛盾。

① Paul Edmund Griffiths. Function, Homology and Character Individuation [J]. Philosophy of Science, 2006, 73 (1): 14.

本征功能的实质是什么呢？当一种作用或功能与表现这种功能的特征或结构具有某种必然的联系时，就说这种功能是该特征的本征功能。这对一件人工制品来说是容易理解的：只要知道了制造这种物品的目的，也就理解了该物品的本征功能。本征功能与设计或目的同义，设计目的在功能与特征之间建立了必然联系。然而，按照目的论来理解生物的某种特征是科学家不欢迎的。生物的特征既然不是设计出来的，那就需要从其他方面来定义本征功能的必然性。

尼安德的做法是基于自然选择原理建立特征与功能的必然联系，而这样做的前提是自然选择规律能够解释生物个体的具体性状。实际情况也是这样：尼安德相信对个体的具体性状为什么存在可以进行选择解释。"她设计出了这样一种传递论证：解释个体性状是一个'两步过程'，即先由自然选择来解释该个体祖先群体的组成，再由遗传机制来解释该个体是怎样从其祖先群体的成员中获得相应的基因的；既然自然选择解释了祖先群体的性状分布，也就成为个体性状解释的一部分，从而选择对个体性状有解释作用。"[①] 即使我们接受尼安德的传递论证，选择对一个具体性状也只是有部分的解释作用，因为遗传机制解释是不能省略的。况且，一个特征的选择功能是环境依赖的，不存在适合于所有环境条件的选择功能。四肢较长的狼在适于奔跑的平原上有利于捕获野鹿，而在崎岖的山林中四肢就容易折断。四肢较长这个特征在有些环境下能够增加群体的适合度，而在有些环境下又会降低群体的适合度。自然选择的规律并没有在特征与选择功能之间建立起必然联系。由于选择的或然性以及选择效应与特征之间的依随关系，基于选择规律不可能定义一种特征的本征功能。

如果不考虑选择史，而只考虑一种特征在当前的选择效应，是否可以定义本征功能呢？格瑞菲斯就做了这样的尝试，但他仍会遇到各种不能克服的困难（详见上一节）。由于尼安德对本征功能的定义强调了选择史，故而称其为强的前因论；格瑞菲斯的本征功能定义没有诉诸选择史，但保留了最近进化意义周期的选择作用，可以叫作弱的前因论。上一节的考察已经表明，无论是强的前因论还是弱的前因论都不能给出本

① 董国安．论个体性状的完全因果解释［J］．自然辩证法研究，2012（1）：25.

征功能的完整定义。这也难怪，本征功能本来就是一种目的论或设计论的概念。为了避开目的论，强的前因论解释诉诸了进化史，但进化是无目的的；弱的前因论解释则诉诸选择力在当前的因果效应，但因果效应又是与具体环境相联系的。进化的无目的性和选择的环境依赖性，在原则上决定了不可能按照前因论的解释路径把性状与特定功能必然地联系在一起。

尼安德与格瑞菲斯的差别可以概括为：尼安德用于定义本征功能的选择史是长期的，在这个时期中，一个特征的选择效应也许已经发生了变化；格瑞菲斯所借助的最近进化意义周期其实是个短期的选择史，也就是在这个时期内，一个特征的选择效应没有变化。但在定义本征功能时，两者都把选择理解成一种决定论过程。因此，实际的选择过程所具有的或然性质必然会使他们的本征功能定义面临种种困难。格瑞菲斯试图通过把本征功能理解为一种因果效应，进而表明选择功能不过是本征功能，基于选择功能的分类没有反映出同源关系。在笔者看来，格瑞菲斯的这种论证路径绕得过远，他应当直接讨论进化的无目的性和选择的环境依赖性。

对生物体的组成部分进行分类，是以选择功能为基础还是以同源关系为基础呢？功能扩张论与功能简约论的争论焦点是本征功能的可定义性问题：假如对本征功能可以基于选择史给出完全定义，则功能谱系的各个点就可以与特征谱系的各个点一一对应起来，基于特征谱系或同源关系的分类与基于功能谱系或选择功能的分类就可以完全一致。这时，尼安德等人主张的功能扩张论就是可接受的。分析表明，基于选择史（哪怕是较短的选择史）对本征功能进行完全定义是不可能的，因为进化是无目的的，不存在决定论的选择规律。这样，格瑞菲斯等人的功能简约论是可接受的。但是，格瑞菲斯没有直接论证本征功能的不可定义性，而是想通过把选择史缩短为一个进化意义周期来维护本征功能的概念，这对于坚持把同源关系作为生物特征分类的基础是不利的。

应当承认，在生物学家尚未掌握足够的系统发育知识的时候，他们确实有过仅仅基于功能来对生物组成部分进行分类的情况，而且这种分类后来又被证明是反映了同源关系的。但这种情况并不表明依据功能的分类是基本的。还有，即使在今天，对生物组成部分的分类也并不完全排斥微观结构标准，例如在区分生物大分子和一些生物化学过程时，生物学家通常是根据分子的结构来分类的。尽管如此，这样的分类终究不能反映生命的进化以及生物各组成部分的历史关系，因而也就不能被看作是关于特征的基本分类。

分类活动包含定义和鉴定两个环节，将功能作为分类依据要分清它是属于定义标准，还是属于鉴定标准。功能作为一个类的定义标准，比如把搏血作为心脏的标准，是不允许违反的；功能作为鉴定标准，就可以有反例，如把光合作用作为叶绿素的鉴定标准就可能出错，菌类植物也有光合作用，但菌类植物不含叶绿素。定义标准是先验的，而鉴定标准的适用性是要靠经验来检验的。功能扩张论主张将功能作为生物学特征的分类依据，实质上是将功能作为定义标准，为某个特征下定义，这本不需要考虑反例的问题，即便是心脏起搏器也可以按其具有搏血功能将之称为“心脏”。功能简约论主张将同源作为生物学特征分类的依据，实质上是通过描述同源关系鉴定某些特征是不是一类。这两种不同的观点并不是对立的，它们各自主张的依据标准属于分类活动中的两个不同环节。

第三节　定义与鉴定的区别

早期的生物学家大多是基于功能来对生物组成部分进行分类的，如把具有飞行功能的器官归为翅膀这一类；后来随着科技的发展，生物学家们掌握了足够的系统发育知识，发现一些具有飞行功能的器官其发育来源、分化机制等大不相同，如蝙蝠与鸟类翅膀其发育机制和分化机制就不同。蝙蝠是胎生，其用于飞行的器官实质上与哺乳动物的前肢同源；而鸟类是卵生，其用于飞行的翅膀和蝙蝠用于飞行的带膜的前肢不能归为一类。于是生物学家根据同源关系将蝙蝠用于飞行带膜的前肢排除在鸟类翅膀之外，并通过研究认为蝙蝠的膜状前肢与恐龙的膜状前肢属于同源，将其称为用于飞行的翼。

显然，在对生物特征进行分类的活动中，并非只有一个分类标准。分类活动包含定义和鉴定两个环节，将具有飞行功能的器官作为翅膀，是在用功能给“翅膀”下定义；而根据同源关系所建立的有关生物体结构和因果功能的直接描述，来判断哪些特征是一类，是一种鉴定活动。定义活动中定义标准不必考虑反例，具有约定性；而鉴定活动中鉴定标准的适用性与经验有关，需要经验来检验。功能描述在多数情况下只是一种鉴定活动，而为某种生物组成部分或过程规定某种本质却是在下定义；因此，描述论与本质论不应成为直接对立的两种观点。描述主义的问题在于：用鉴定标准来充当定义标准，从而在存在多种鉴定特征时，就会把同一个类看作多个类。本质主义的问题在于：用定义标准来充当鉴定标准，使得我们在不能直接观察定义的本质时无法进行鉴定活动。

一、描述论与本质论

罗素（Bertrand Russell）区分了专名和摹状词，摹状词通过对一个对象的描述来识别这个特定的对象。他将类看作集合，认为集合中的成员所分享的特征之间应具有一种内涵上的邻近性，这种内涵上的临近性是通过摹状词描述的，与维特根斯坦（Ludwig Wittgenstein）所说的家族相似性一致。这种通过描述特征而将具有相似特征的成员划归为一类的分类方法也称描述论。比如将透明的、能盛水的、易碎的物体称为杯子，将具有以下特征的生物称为人类，即有四肢、体表保持恒温、能直立行走、制造工具并熟练使用工具。用描述的方法来划分类会遇到一些困难，如玻璃鱼缸是透明的、能盛水的、易碎的物体，但不能把它划为杯子这一类；大猩猩也具有四肢、体表保持恒温、能直立行走、能制造工具并熟练使用工具，但大猩猩不是人类。或许会有人认为，我们可以将描述内容增加，如在之前描述人类特征的基础上再加上“具有高度发达的大脑、复杂的抽象思维、语言、自我意识以及解决问题的能力”，但如果某天在外星球上发现符合人类特征描述的生物，那这种生物能不能划归为人类呢？在分类问题上，描述论遇到这些困难的原因在于，它只给出了分类的充分条件，而非充分必要条件。

与描述论不同，普特南和克里普克的新本质主义观点认为自然类是由微观结构来定义的，描述某自然类观察性质的涵义不是必要的。金就是原子序数为 79 的元素，水就是分子结构为 H_2O 的化合物。如果有一种液体也是透明的、无色的、无味的、可解渴的，但其分子结构不是 H_2O，那么这种液体就不是水；如果有一种液体不是透明的、无色的、无味的、可解渴的，但其分子结构是 H_2O，那么这种液体仍是水。

普特南与克里普克的不同之处在于，普特南认为“如果有一种隐藏结构，那么通常它决定什么可成为一个自然类的成员——不仅在现实世界中，而且在所有可能世界中……但本地的水，或者无论什么东西，可能有两种或更多种隐藏结构——或者隐藏结构如此之多，以至于‘隐藏结构’都变得不再相干了，而表面的特征成为决定性的因素”[①]。例如，玉这一自然类，其成员的内部结构并不都一样，某些成员与另一些成员有着两种差异极大的微观结构，但它们的纹理极其相似，中国人并未否认它们不是玉，而是分别称为硬玉和软玉。普特南并未放弃根据微观结构的分类法，而是认为先依据微观结构定义类，随着科技发展和认识的加深，发现以前对类的定义不能适应当前知识的需要，于是在以前类的基础上又分为几种亚类。对亚类来说，仍然是根据微观结构分类；但对不同的亚类归于类这种情况来说，微观结构似乎对其归类的作用不大，从而“表面的特征成为决定性的因素”。如果按照普特南和克里普克的观点，鲸鱼的鳍与马的腿微观结构不同，所以不能划为一类，但在生物学同源分类中鲸鱼的鳍与马的腿是同源的，是可以划为一类的。可见，本质论的分类法并不能完全反映实际的分类实践。

二、唯名论

古德曼（Goodman）认为类（kind）并不是实在的，而是人为设定的。为了强调类的非实在性，他将类称为相关类（relevant kinds），使之区别于自然类（natural kinds）。古德曼认为：“一、‘自然的’，不仅对生物物种而且人工类，如音乐作品、心理实验和机械类型都是不适用的；二、‘自然的’，表明了一些绝对的或心理学的先天性，然而这些类是由于习性或者为了一个目的而设计的。”[②] 正是由于类是人为设定的，所以“我们以口头或其他方式所指的，可能是相同对象但不同事件，相同州但不同镇，相同俱乐部但不同成员，相同成员但不同俱乐部，相同

---

① Putnam，H. Mind，Language and Reality：Philosophical Papers，Vol. 2［C］. Cambridge：Cambridge University Press，1975：241.

② Nelson Goodman. Ways of Worldmaking［M］. Cambridge：Hackett Publishing Company，1978：10.

球类比赛但不同局”[1]。比如，按古德曼对类的理解，绿蓝与绿就不是一个类，因为绿蓝是我们为了说明绿蓝悖论所构造出的类，而绿是根据我们的习性方便辨认而构造出的类。“绿蓝（Grue）不能作为由相同世界（如绿）归纳得出的一个相关类，这是因为绿蓝会妨碍我们决定对或错，这种决定是由归纳推理得出的。”[2] 按照古德曼的观点，将某些个体归为一类是由于某种习性或目的而人为设定的，现实事物并没有普遍本质，故此也可称其关于类的观点为唯名论。

为什么不能将类理解为自然类呢？斯莱特（H. Slater）对此进行了说明：“一个系统的客观类都被人类的活动‘污染’了，即使是人类活动的某些类也都看作是不那么客观的事例。似乎一些划分系统更多的是我们在它们形式上的合成。无论一个人如何思考潜在的本体论，但划分的系统都不可否认是人工产物——我们确实参与了它们的创建。”[3] 按照斯莱特的观点，对类的划分是一种人为活动，只要谈及类，就必然会涉及人的分类活动。但是如果对类的划分仅仅是依靠我们的习性或目的，则会出现分类泛滥的局面，也不符合我们的分类实践。假如我们今天为了说明绿蓝悖论而构造出绿蓝这个类，那么明天我们也可以为了说明红黑悖论而构造出红黑这个类，后天可以为了说明黄紫悖论而构造出黄紫这个类……如此一来，分类就过于泛滥。再例如，鲸鱼与鲨鱼是不同的类，但它们有一些相同的习性，比如生活在海洋里、捕食鱼类，然而在生物学实践中并不因此就把鲸鱼与鲨鱼划为一类。

三、定义与鉴定

描述论只给出了分类的充分条件，而非充分必要条件，这决定其适用于分类中的鉴定环节，而非定义环节。比如，通过描述有四肢、体表保持恒温、能直立行走、制造工具并熟练使用工具，而将具有这些特征的动物划为人类；但后来的经验发现黑猩猩也有这些特征，但黑猩猩与

---

① Nelson Goodman. Ways of Worldmaking [M]. Cambridge: Hackett Publishing Company, 1978: 8.

② Nelson Goodman. Ways of Worldmaking [M]. Cambridge: Hackett Publishing Company, 1978: 11.

③ Joseph Keim Campbell, Michael O' Rourke and Matthew H. Slater. Carving Nature at Its Joints: Natural Kinds in Metaphysics and Science [M]. Cambridge: The MIT Press, 2011: 4.

人类在思维能力、语言能力上不同，之前的标准并不适用于当前的分类。于是人们修改鉴定标准，将描述内容增加，如在之前描述人类特征的基础上再加上“具有高度发达的大脑、复杂的抽象思维、语言、自我意识以及解决问题的能力”等。在鉴定活动中，描述论并无不妥；但如果用鉴定标准来充当定义标准，就会出现问题，即在存在多种鉴定特征时，会把同一个类看作多个类。例如，“有四肢、体表保持恒温、能直立行走、制造工具并熟练使用工具，具有高度发达的大脑、复杂的抽象思维、语言、自我意识以及解决问题的能力的动物”（A）可以作为人类的鉴定特征，而“有肾脏、心脏有搏血功能、体温恒定、有呼吸及排泄系统”（B）也可以作为人类的鉴定特征。如果将其中之一作为鉴定标准不存在问题，但如果将（A）作为定义标准，由于定义标准是不允许违反的，那么符合（B）的与符合（A）的就不能算作一类，但实际上都是指人类。

本质论用微观结构来定义自然类，是一种定义活动，在分类活动中所依据的是定义标准，而非鉴定标准。用定义标准定义自然类时，不存在反例问题，因为在定义活动中定义标准是不允许被违反的。将原子序数为 79 的元素定义为金，将分子结构为 H_2O 的化合物定义为水。若火星上有一种化合物与水的外观形态一样，但其分子结构不是 H_2O，那么按本质论，这种火星化合物就不是水。在定义活动中，本质论并无不妥；但如果用定义标准来充当鉴定标准，则会使得我们在不能直接观察定义的本质时无法进行鉴定活动。例如，如果出现一种新型液体，需要鉴定它是不是水。按照本质论对水的定义标准，要先观察它的微观结构是不是 H_2O，但目前的科技水平还不能直接观察到它的微观结构，那就无法知道它是不是水。但若按描述论的鉴定标准，判定某种液体是不是水，是看它是不是透明的、无色的、无味的、可解渴的液体。如果出现的新型液体符合鉴定标准，则认为它是水，不符合就不是水。普特南认为“以至于‘隐藏结构’都变得不再相干了，而表面的特征成为决定性的因素”[①]，实质上普特南意识到了本质论在分类活动中会遇到困难，

① Putnam, H. Mind, Language and Reality: Philosophical Papers, Vol. 2 [C]. Cambridge: Cambridge University Press, 1975: 241.

但他未意识到出现这种困难的原因在于，在鉴定活动中不应该用定义标准来充当鉴定标准。

描述论与本质论虽然各自依据的分类标准不同，但有一个共同的特点，即标准一旦确立，在某一时期内遵循该标准，保证了标准的相对稳定性，正是由于这种稳定性，分类活动才可以进行。与之不同，唯名论夸大了分类活动的约定性，认为标准是人为约定，根据人的不同目的可以随意设定，这会造成分类标准数量的激增，不利于分类实践。

在分类实践中包含定义和鉴定两个环节，定义标准不允许反例，鉴定标准的恰当性需要经验来检验。本质主义的问题在于：用定义标准来充当鉴定标准，使得我们在不能直接观察定义的本质时无法进行鉴定活动。描述主义的问题在于：用鉴定标准来充当定义标准，从而在存在多种鉴定特征时，就会把同一个类看作多个类。唯名论的问题在于：夸大定义标准的约定性，从而使得定义一个类成为一件随意的事情，会造成类的数量激增。本质主义适用于类的定义活动，描述主义适用于类的鉴定活动，二者是不应对立的两种观点。唯名论在生物学分类实践中的作用不大，适用于解决绿蓝悖论之类的语义悖论问题。

第三章　功能解释的合理性

功能解释因其通常使用结果来解释现象，故而被归于后果论，这种解释最不令人满意的地方就是没有预见性，常被人称为“事后聪明”，因此也常常不被正统的科学承认，但在正统科学的生物学领域又常常使用功能解释，如问：“人为什么有心脏?”答曰：“心脏有搏血的功能。”正统科学一方面不承认功能解释，一方面却又在使用功能解释，功能解释的意义到底何在？它与正统科学中所倡导的科学解释有什么不同？

20世纪50年代初到70年代中期，科学哲学关于功能解释研究以讨论功能解释的一般形式为主，使用来自不同学科领域的零散事例，期望在语形学的层面直接回答功能解释的合理性和必要性问题。一些学者质疑功能解释，如亨普尔认为生物学功能解释不满足覆盖律模型、不能满足可检验性要求，故而应被排除在科学解释之外。内格尔认为功能解释是可还原的，并给出了功能解释的还原模型。另一些学者捍卫生物学功能解释的恰当性，大致有以下两条辩护路径：其一，认为功能解释符合覆盖律模型，故而是合理的科学解释，如格鲁纳和维姆萨特；其二，认为功能解释有独特的逻辑形式，并非必须使用普遍定律，如格瑞斯蒂。格瑞斯蒂认为功能解释与正统科学解释最大的不同在于功能解释并不要求使用普遍定律，他将语境考虑进解释中，并将功能解释定位在说明某物对于维持某个状态的“价值”上面，以此来为功能解释辩护。但格瑞斯蒂的辩护中存在着一些缺陷，导致这些缺陷的原因在于他没有认识到生物学中功能解释的多样性，这也导致他未阐明功能解释不要求使用普遍定律的原因。不同的生物学科因其研究者的研究目的不同，导致有不同类型的功能解释，对不同的功能解释而言，在生物学实践中有着不同的价值，人们对功能解释的责难往往是因为不清楚功能解释在生物学中具体的使用情境。

第一节 是否存在功能解释

功能解释的逻辑结构如何？一部分学者如格鲁纳、维姆萨特、亨普尔等认为功能解释遵循演绎律则模型，而以格瑞斯蒂为代表的另一部分学者认为功能解释与演绎律则解释模型不同。亨普尔认为科学解释要满足两个基本要求——“解释相关要求和可检验性要求”[①]，并且遵循覆盖律模型。作为维护功能解释恰当性的一派，格鲁纳和维姆萨特认为功能解释符合覆盖律模型，故而是合理的科学解释。而亨普尔却认为功能解释不具有预见性，不能满足可检验性要求，并且功能解释也不满足覆盖律模型，故而应被排除在科学解释之外。格瑞斯蒂认为功能解释与传统的科学解释模型属于不同的解释进路，他将语境考虑进解释中，并将功能解释定位在说明某物对于维持某个状态的“价值”上面，以此来为功能解释辩护。但格瑞斯蒂的辩护存在着一些缺陷，使得格瑞斯蒂对功能解释的辩护不能令人满意。

一、功能解释的困难及其辩护

格鲁纳认为，“目的论解释和功能解释都是不完全的演绎论证”[②]，“在一个功能解释中，被解释项 E 陈述的一个事实或事件 e，e 得以解释是通过陈述 e 应当对一个功能 F 有用。F 作为 e 的一个结果，e 作为 F 的一个原因。被解释项 E 可从解释项 F 中演绎推出，也就是说，E 的解释项包含至少一个 e 的结果的陈述，即 e 的一个充分条件的陈述”。[③]在格鲁纳看来，“e 应当对一个功能 F 有用”的逻辑等于“F 是 e 的一个结果”或“如果 F，那么 e”，e 可作为 F 的必要条件。例如：

F 如果一个人体的生命得以维持，那么身体的血液是循环的，并且如果血液是循环的，那么身体有一个跳动的心脏。

S（1）这个人体的生命被维持

① 亨普尔：自然科学的哲学［M］. 张华夏，译. 北京：中国人民大学出版社，2006：75.

② Rolf Gruner. Teleological and Functional Explanations［J］. Mind，New Series，1966，vol. 75，No. 300：525.

③ Rolf Gruner. Teleological and Functional Explanations［J］. Mind，New Series，1966，vol. 75，No. 300：524.

S（2）在这个人体中，血液是循环的

E这个人体有一个跳动的心脏

被解释项E“这个人体有一个跳动的心脏”能够从F和S（1）和S（2)的合取中演绎推出。F不能单独推出E，必须附加前提S（1）和S（2)，F和S所形成的解释项陈述的是被解释事实的某个结果——血液循环和生命维持。

在格鲁纳看来，功能解释是从一个结果推出一个原因，断言“b有一个结果a，所以b”，或“b服务于一个功能a，所以b”。由于在功能解释中，作为解释项的功能陈述包含了被解释项，所以称其为演绎论证。

亨普尔认为，遵循演绎论证形式的功能解释存在很多困难，其中最主要的在于以下两个方面：

首先，不能避免附带现象。生物学家常用心脏的功能——搏血来解释“人为什么有心脏”，但不会用搏血的附带效应——心音来解释“人为什么有心脏”。如果不能很好地区分某生物体或特征的功能与附带效应，那么功能解释的恰当性也会被质疑。

其次，替代物问题。人工心脏与心脏有着同样的功能，即都能搏血，这个问题使得功能陈述很难被作为因果必要条件陈述，即一个心脏的存在是血液循环的一个必要条件。如果功能陈述不能作为因果必要条件陈述，那么用功能陈述来解释现象时就缺少一个普遍定律，不满足覆盖率解释的要求，故而其不能算作科学解释。

亨普尔为了说明这些困难，提供了一个功能分析模型：

“(a）在t时刻，在类型c的一个环境（特点是有特定的内部和外部条件）中，s正常地运行

(b）在类型c的一个环境中，s正常运行，仅当某一必要条件n被满足；

(c）如果在s中特征i出现，那么作为一个效用（effect)，条件n将被满足；

（d）（因此，）在t时刻，特征i出现在s中。”①

亨普尔指出在这样一个图式中，前提c的断言是错误的。因为可能会有这样的情况：如果i的一个替代项对满足n是充分的，在这种情况下，上面的论证前提所提供的说明不能解释为什么是特征i而不是i的替代项在t时存在于s中。

前面提到的两种困难带进这个图式中简化后就是：

1.（a）在目前，脊椎动物正常活动

（b）脊椎动物正常活动，仅当心脏搏动；

（c）如果在脊椎动物中出现血液循环，那么作为一个效用，心脏搏动；

（d）（因此，）在目前，在脊椎动物中出现血液循环。

但是心脏搏动不仅与血液循环因果相关，而且也与心音因果相关，上面的前提其实并不能推出“（d）（因此，）在目前，在脊椎动物中出现血液循环”。

2.（a）在目前，脊椎动物正常活动

（b）脊椎动物正常活动，仅当血液循环；

（c）如果在脊椎动物中出现心脏，那么作为一个效用，血液循环；

（d）（因此，）在目前，在脊椎动物中会出现心脏。

但是不仅天然的心脏能使血液循环，一种起搏器（能够代替心脏搏血）也有这个效用，上面的前提其实并不能推出“（d）（因此，）在目前，在脊椎动物中会出现心脏”。

亨普尔认为，对“一个项目（term）i的功能分析所提供的主要信息是：为预见（expect）i的任一替代者（而不是为预见i）提供演绎的或归纳的充足理由（grounds）。功能分析提供这些理由，并因此解释i的出现，这种表达无疑（至少部分）应归于有利于事后聪明……因此，功能分析与其说使我们能去预测，倒不如说通过满足一个给定的功能要

① Carl G. Hempel. The Logic of Functional Analysis [M]. [reprinted] in May Brodbeck (ed.) Readings in the Philosophy of the Social Sciences, New York: Macmillan, 1968: 191.

求使我们能解释一个特定的项目之一的出现”①。

亨普尔对功能解释合理性所持的态度可以概括如下：要么把功能解释看作符合覆盖律模型的解释，要么承认功能解释只是“事后聪明”。亨普尔指出，将功能解释作为符合覆盖律模型的解释不能避免附带现象以及面临替代物问题，故而他质疑功能解释的合理性，并认为功能解释只是“事后聪明”。

与格鲁纳一样，维姆萨特也认为功能解释符合覆盖律模型。由于他对“功能陈述”的理解与格鲁纳和亨普尔不同，亨普尔对功能解释提出的责难并不能驳斥他主张功能解释符合覆盖律模型的观点。

按照格鲁纳的理解，功能解释就是指出某事物或某过程对其所在系统的维持有贡献，或对该系统的目前状态有贡献。② 由于“对……做出贡献”并不指充要条件，而是指充分条件，所以格鲁纳所主张的功能陈述作为解释项时并不能必然推出被解释项。亨普尔正是默认了格鲁纳对功能陈述的理解，所以才能指出功能解释所面临的困难。

与格鲁纳和亨普尔不同，维姆萨特认为目的论的功能陈述要包含六个要素，即项目 i、系统 S、环境 E、目的 P、行为 B、理论 T。“一个项目或行为的功能，或它是否有功能，依赖于我们的因果理论。”③ 他给出了功能陈述的一般形式：“F［B（i），S，E，P，T］＝C，这个等式被读作：根据理论 T，在涉及目的 P 的环境 E 中，系统 S 中项目 i 的行为 B 的一个功能是运行 C。”④

维姆萨特认为目的论功能解释符合覆盖律模型，例如：

“（1）根据进化论，最为可能的是：在当前环境中任何显示有一个功能的实体的存在和形式，都要将其存在和形式归因于在过去环境的历史中选择过程的因果影响。

---

① Carl G. Hempel. The Logic of Functional Analysis［M］.［reprinted］in May Brodbeck（ed.）Readings in the Philosophy of the Social Sciences，New York：Macmillan，1968：194－195.

② Rolf Gruner. Teleological and functional explanations［J］. Mind，New Series，1966，vol. 75，No. 300：517.

③ William C. Wimsatt. Teleology and the Logical Structure of Function Statements［J］. Studies in History and Philosophy of Science，1972，3（1）：29.

④ William C. Wimsatt. Teleology and the Logical Structure of Function Statements［J］. Studies in History and Philosophy of Science，1972，3（1）：32.

（2）在这个当前环境中，显示这个特征有一个功能。

（3）因此，这个特征存在并且有如此形式（这是因为在过去环境的历史中选择过程的因果影响）。”[①]

在以上论证中，前提（1）中的“最为可能”保证了整个论证是一个好的论证，因为在维姆萨特看来，一个好的论证其标准在于前提必须使结论具有高可能性。

维姆萨特认为，功能解释符合覆盖律解释。在他看来，谈论功能离不开因果理论，因果理论已成为功能陈述的一部分，正是由于功能陈述中包含了因果理论，并且这个因果理论在解释中能作为普遍定律，所以被解释项能从作为解释项的功能陈述中推导出来。显然，亨普尔对功能解释合理性的责难并不适用于维姆萨特所主张的功能解释。

维姆萨特是从功能解释符合覆盖律模型的角度捍卫功能解释的合理性的，而格瑞斯蒂则是从另一个角度捍卫功能解释的合理性的。格瑞斯蒂认为功能解释不同于覆盖律模型，亨普尔对功能解释恰当性的质疑源于他过于狭隘地理解科学解释，即科学解释要么是演绎律则的，要么是统计归纳的。亨普尔忽视了语境、生物学家的兴趣以及他们研究的目的，没有认识到功能解释的特定价值以及适用范围。[②] 格瑞斯蒂认为，并不是功能解释有问题，问题在于亨普尔把功能解释看作是与D—N、I—S相似的推演。格瑞斯蒂从以下四个方面为功能解释的恰当性进行了辩护。

（一）功能解释带有意向性

格瑞斯蒂通过强调语境中说话者的意向性，尝试消除功能解释遇到的困难。他认为，意图或目的并不是物种、有机体、器官或社会结构的设计者，而只是科学家们的兴趣，即科学家们希望理解生物体和社会有能力保存和维持自身的机制，科学家们的兴趣使得功能话语是明确的

① William C. Wimsatt. Teleology and the Logical Structure of Function Statements [J]. Studies in History and Philosophy of Science，1972，3（1）：78.

② Harold Greenstein. The Logic of Functional Explanations [J]. Philosophia，1973，3（2—3）：247—264.

(intelligible)。[①] 格瑞斯蒂将语境与科学家们的兴趣联系在一起，认为科学家们在谈论功能时是带着一种意向性去的，这种意向性并不是物种、有机体、器官、社会结构或一个隐含的设计者的意向性，而是谈论者的意向性，即谈论者想要知道关于什么的知识。他通过举例详细说明了语境如何消除一些在功能解释中看起来混乱的问题：比如（A）“在脊椎动物中，心脏有搏血的功能”对功能主义者来说是没有问题的。因为（A）预设“（a）生物学家想要知道如果心脏的所有运行有贡献于维持生物体的生命，情况会是怎样?”和“(b）在脊椎动物中，血液循环是维持生命的一个因果条件”。生物学家感兴趣的是心脏如何搏血，如何有贡献于维持生物体的生命，而不是对心音感兴趣。所以（A）是没有问题的，并且如果我们在询问语境中预设（a)，我们学到的是血液循环服务于维持脊椎动物的生命，并且心脏的功能是使血液循环。

谈论者的意向性（或兴趣）导致对同一提问的不同回答，比如，问：“在脊椎动物中，为什么会有心脏?”若谈论者的意向性（或兴趣）在于预设“生物学家想要知道如果心脏的所有运行有贡献于维持有机体的生命，情况会是怎样”，那么可以回答：“在脊椎动物中，心脏有搏血的功能”；若谈论者的意向性（或兴趣）在于预设“生物学家想要知道心脏的进化演化是怎样的”，则可以回答：“脊椎动物的祖先有心脏，有心脏的脊椎动物比没有心脏的脊椎动物的适合度更高。”但在格瑞斯蒂看来，后一种谈论者的兴趣不属于功能解释。下文会详细谈到格瑞斯蒂所谓的功能解释是什么。

谈论者的这种意向性其实是在为谈话划定论域，我们在谈论某个问题时要清楚论域，否则就会出现谈论的混乱。而传统的D－N解释和I－S解释是闭合的演绎系统，并不考虑问题的谈论者，只对现象进行解释；与之相比，功能解释对谈论者的意向性（或兴趣）开放，是开放的解释系统。

（二）功能解释中使用的“必要性”不同于逻辑“必要性”

格瑞斯蒂认为并非只有科学解释引用充分理由（sufficient causes),

① Harold Greenstein. The Logic of Functional Explanations [J]. Philosophia，1973，3（2－3)：251.

功能话语（functional discourse）也会用到充分理由。当法医声称砒霜的摄入导致死亡时，并不是强调砒霜的摄入是死亡的必要条件，因为他很清楚没有砒霜的存在死亡也可能发生。此外，功能解释也常使用像"必要性"这种词，但格瑞斯蒂认为这个"必要性"与逻辑学家使用的"必要性"是有差别的。对逻辑学家来说，"q是p的一个必要条件"意味着p蕴含q。但是在功能解释中使用"必要性"常会预设一个语境，如一个内燃机驱动一辆汽车，谈论内燃机的这个效用时，不需要同时否认其他驱动方式的可能性，因为经验的或实际的原因已经将其他的驱动方式排除掉了。简言之，在功能解释中的"必要性"在格瑞斯蒂看来其实可以用图3－1表示：

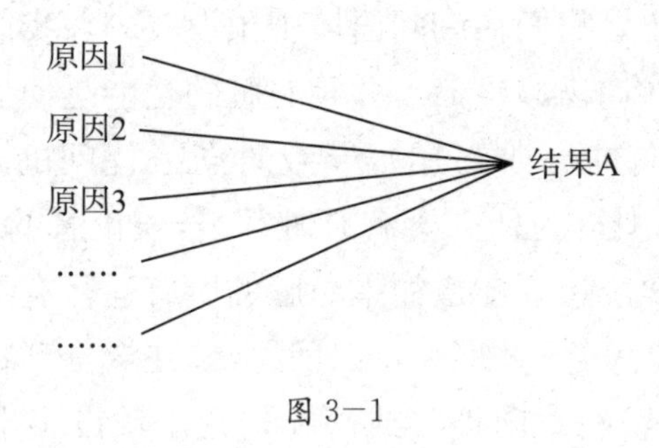

图3－1

图3－1左边的原因1、原因2、原因3……都可能导致A，但是在某个实际情况下，排除了原因2、原因3……，剩下原因1导致A。这并不等于说原因2、原因3……逻辑上不可能，而是在具体情况下，它们被排除了。

人类学家声称觅食和捕猎对某部落的生存来说是必要的，只要他能提供其主张的语境，便不需要明确否认该部落其他的生存方式是可能的，"语境和环境要么被明确地提供，要么被默认"[①]。比如，人类学家可能详细说明在土地贫瘠、缺乏畜牧业知识的情况下，对某部落来说为了生存去捕猎是必要的。人类学家是在实践和经验而非纯粹的逻辑上使用"必要的"一词。当然，如果上帝赐予丰收或先进的农业来提供食物供给，这个部落也可能以其他的方式生存，而不需要去捕猎。

① Harold Greenstein. The Logic of Functional Explanations [J]. Philosophia，1973，3 (2－3)：258.

在功能生物学中理解“必要性”常常要求关注语境。在脊椎动物中肾脏对于清除体内产生的废物来说是必要的，因此动物得以生存。这个主张并不被如下主张驳倒，即功能的可选择物，如人工肾脏服务于相同的目的（end）（清除体内产生的废物）是可能的。生物学家可能是问关于在一个物种的通常的自然环境下这个物种的生存，而不涉及人工移植物。关于某种肾的结构替代物是否与某种心脏、肺和肝的结构和替代物一致的问题，这是经验的和技术上的，而不是逻辑的。

格瑞斯蒂通过指明功能解释中“必要性”一词的使用是经验上的而非逻辑的，避免了功能解释所遇到的替代物问题。如果是逻辑上的“必要性”，则会遇到“替代物”的问题，也即可选择物问题。心脏的功能是搏血，假如心脏对搏血这个功能来说在逻辑上是“必要的”，则必须否认它的替代物，如人工心脏甚或除心脏外的其他替代物可以有搏血的功能，否则它就不是逻辑上“必要的”。如果不否认心脏的替代物，就没办法符合逻辑上的“必要性”，也就不能构成由“心脏的搏血功能”推出“心脏存在”的论证的重要前提，即心脏是搏血的必要条件；倘若否认，虽构成了那个论证的重要前提，但这个重要前提却是个假命题（因为也有其他替代物如人工心脏可以搏血）。格瑞斯蒂指出功能解释强调的“必要性”是经验意义上的，是在某种语境下的“必要性”（如在通常的自然环境下，而不涉及人工移植物），所以不存在这个困难。

（三）格瑞斯蒂的功能解释

格瑞斯蒂认为“功能解释不要求演绎（论证被解释项一定出现）。功能解释只要求经验论证，即假如某项目出现，功能解释只将一种有利性归于这个项目”[①]。也就是说，功能解释并不必然推出被解释项，而只是说明：如果出现被解释项，是因为被解释项在某语境下对某对象来说是有利的。例如，为什么脊椎动物体内出现心脏？如果功能解释要求演绎论证，则会回答：

（a）在目前，脊椎动物正常活动

（b）脊椎动物正常活动，仅当血液循环；

① Harold Greenstein. The Logic of Functional Explanations [J]. Philosophia, 1973, 3 (2-3): 262.

(c) 如果在脊椎动物中出现心脏，那么作为一个效用，血液循环；

(d)(因此，)在目前，在脊椎动物中会出现心脏。

(d) 是由 (a) (b) (c) 推出的，并且 (a) (b) (c) 必然推出 (d)。但按照格瑞斯蒂对功能解释的理解，脊椎动物体内出现心脏是因为心脏有搏血的功能，这对脊椎动物的正常活动来说是有利的。

格瑞斯蒂说，“关于化油器如何被构成的问题是逻辑上区别于关于化油器功能的问题，所以关于器官的构造和进化的问题逻辑上区别于关于它们的功能的问题。以下情况是被允许的——归因于功能的解释陈述有时候的确并不提供给我们关于为什么或怎么样的信息”，“因为功能解释回答逻辑上不同的疑问”。[①] 也就是说，格瑞斯蒂认为功能解释并不说明“为什么或怎么样”的问题，那功能解释究竟说明什么问题呢？很显然，格瑞斯蒂将诸如“为什么 i 出现”的问题排除在功能解释之外，他认为功能解释是诸如“如果 i 出现，那是因为 i 为某对象提供好处”这样的论证。也就是说，他把功能解释限定在说明某物对于维持某个状态的“价值”上面，而不是说明某物“为什么”或“怎么样”的问题。比如“脊椎动物心脏的功能是搏血”，这旨在说明心脏搏血的功能对于维持脊椎动物的生命是有好处的，或说明心脏搏血对于维持脊椎动物的生命是有“价值”的。

(四) 功能解释不要求使用普遍定律

格瑞斯蒂认为，功能解释与 D—N 解释和 I—S 解释的不同之一在于“功能解释并不要求使用普遍定律”[②]，即便“功能解释可能暗含 D—N 或 I—S 解释，但暗含 D—N 或 I—S 解释既不是功能解释恰当性的充分条件，也不是其必要条件。功能解释、D—N 解释和 I—S 解释是逻辑上不同的类型”[③]。也就是说，功能解释、D—N 解释和 I—S 解释之间的关系是并行的，而不是从属的。亨普尔的 D—N 解释和 I—S 解释都

① Harold Greenstein. The Logic of Functional Explanations [J]. Philosophia, 1973, 3 (2—3): 260.

② Harold Greenstein. The Logic of Functional Explanations [J]. Philosophia, 1973, 3 (2—3): 262.

③ Harold Greenstein. The Logic of Functional Explanations [J]. Philosophia, 1973, 3 (2—3): 263.

要求普遍定律，结论必须蕴含在这个普遍定律中，这个普遍定律必须是全称陈述，只不过I－S解释中的普遍定律是概率性质的。与之不同，格瑞斯蒂认为功能解释不需要这个普遍定律。

二、对格瑞斯蒂辩护的评价

格瑞斯蒂对功能解释的辩护具有一定的合理性，但在其辩护中也存在着一些缺陷。

格瑞斯蒂将语境加入解释中，并将功能解释定位在说明某物对于维持某个状态的“价值”上面，以此来为功能解释进行辩护。这种辩护将功能解释作为一种开放系统的解释，并指出功能解释不同于回答“为什么”和“怎么样”的问题，在这一点上笔者认为其辩护有一定合理性。

在语境与解释的关系问题上，后来的范弗拉森在《科学的形象》一书中[①]作了比格瑞斯蒂更详细的论述。范·弗拉森认为解释与纯粹的理论是有差别的，它们是运用理论与建构理论的关系，只要是运用理论来说明现象，就必定与说话者相关，在这种情况下必定要考虑语境。

格瑞斯蒂对功能解释的定位有合理性，因为功能解释从结果的角度说明现象，多给出的是事后的说明，所以这种说明不可能像科学理论那样具有预见性，也不可能苛求它满足亨普尔的科学解释的可检验性要求，它只是一种某物对于维持某个状态的“价值”的说明。这样看来，功能解释与亨普尔的科学解释应是两种不同进路的解释，但是格瑞斯蒂又说“功能解释暗含D－N或I－S解释的可能性”[②]，可能有人会有疑问：如果能用传统的科学解释模型来解释，又何必用功能解释呢？格瑞斯蒂的回答是，这种可能性“既不是功能解释恰当性的充分条件，也不是它的必要条件。功能解释、D－N解释和I－S解释是逻辑上不同的类型”[③]。功能解释和D－N解释和I－S解释之间是并行的关系，是对现象作解释的两种不同的范式，这两种不同的解释各自有着认知上的作用。

---

① 范·弗拉森．科学的形象［M］．郑祥福，译．上海：上海译文出版社，2002.

② Harold Greenstein. The Logic of Functional Explanations ［J］. Philosophia，1973，3（2-3）：263.

③ Harold Greenstein. The Logic of Functional Explanations ［J］. Philosophia，1973，3（2-3）：263.

将语境考虑进解释中，是在弄清楚提问者的意向性的情况下作出不同的回答。如果是覆盖律模型能解释的，就用覆盖律模型；如果是属于功能解释的范畴，则用功能解释。这些解释都能使我们获得知识，只不过传统的科学解释如D—N解释、I—S解释使我们获得的是关于“为什么”“怎么样”的知识，而功能解释使我们获得的是某物对于维持某个状态的“价值”的知识。

格瑞斯蒂的不足之处在于以下几个方面：

第一，未区分功能与偶然效用。按照格瑞斯蒂的观点，功能解释是诸如“如果i出现，那是因为i为某对象提供好处（benefit）”这样的论证。这里的“好处”或“有利”是个模糊的概念。偶然状况下，“一个螺帽的松动使得引擎平稳运转”，“一个螺帽的松动”有利于引擎平稳运转。按照格瑞斯蒂的观点，“使引擎平稳运转”就是“这个螺帽”的功能，如果用一个螺帽有使引擎平稳运转的功能来解释引擎的运行，显然是不能令人满意的。

第二，扩大了功能解释的适用范围。在格瑞斯蒂看来，像汽车驱动这种现象也会用到功能解释，即用“内燃机有驱动汽车的功能”来解释“汽车驱动”的现象，但实际上汽车驱动用一般的物理机制就可以得到解释，即储存在密闭容器中的燃油被点燃后，能量爆发推动活塞做功，再通过连接的传动装置推动轮子转动。用功能解释来说明汽车驱动这种物理现象，除了让我们知道内燃机对汽车驱动有“价值”之外，并不增加我们的知识；而物理机制解释则使得我们获得了关于汽车如何被驱动的知识，并且也暗含了内燃机对汽车驱动有“价值”。较之功能解释，物理机制解释增加了我们的知识。显然，在这种情况下，没有必要使用功能解释。

第三，未阐明为什么功能解释不要求使用普遍定律。格瑞斯蒂认为功能解释不要求使用普遍定律，因为在他看来，“新概括可能被重构，覆盖之前的事实。但那是一种偶然事件——部分要求语言的独创性，且不能用一个解释理论来先验地决定它”[①]。也就是说，格瑞斯蒂认为普

---

① Harold Greenstein. The Logic of Functional Explanations [J]. Philosophia, 1973, 3 (2—3): 263.

遍定律是由概括得出的，的确有从这种普遍定律推出结论的功能解释，但这种情况是一种偶然事件，并不能因此要求功能解释必须使用普遍定律。显然，格瑞斯蒂承认功能解释中有使用普遍定律的情况，但他将这种情况归于偶然，这种偶然的确不能佐证功能解释要求使用普遍定律，但也不能说明功能解释不要求使用普遍定律。

第四，对功能解释的理解过于片面。除了诸如“如果 i 出现，那是因为 i 为某对象提供好处（benefit）”这样的论证是功能解释外，由于功能陈述的不同，还有其他的功能解释，例如维姆萨特认为目的论的功能陈述要包含六个要素，即项目 i、系统 S、环境 E、目的 P、行为 B、理论 T。格瑞斯蒂对功能解释的逻辑分析并不一定适用于维姆萨特的功能解释。

亨普尔之所以质疑功能解释的恰当性，正是由于他与格鲁纳一样认为功能解释符合覆盖律模型，只不过格鲁纳并未认识到自己所列出的充当普遍定律的前提之一（F 如果一个人体的生命得以维持，那么身体的血液得到循环，并且如果血液得到循环，那么身体有一个跳动的心脏）并不必然真，因为血液得到循环并不是身体有一个跳动心脏的充分条件。亨普尔正是认识到了这一点，所以质疑功能解释的恰当性。在认为科学解释应当符合演绎律则模型的认识范式下，亨普尔的质疑是有道理的。但是，不符合演绎律则模型的解释就一定不是科学解释、一定不具有合理性吗？这本身就是一个值得深入探讨的问题（该问题在下一章将会详细探讨）。维姆萨特对目的论功能解释符合覆盖律模型的说明本身就存在问题，他通过强调“根据……理论，绝对可能的是”保证了解释项（1）是一个普遍规律。但他的这种确保方式要么违反进化事实，要么存在同义反复问题。格瑞斯蒂认为功能解释是与 D－N 解释、I－S 解释不同的解释，并为功能解释的恰当性进行辩护。但他的辩护存在一些困难，如未区分功能与偶然效用、扩大了功能解释的适用范围、未阐明为什么功能解释不要求使用普遍定律、对功能解释的理解过于片面。由于功能陈述的不同，导致由功能陈述所构成的功能解释也会有所不同，要想承认或否认功能解释的合理性，就需要逐一考察不同功能陈述所构成的功能解释。

三、功能解释的类型

在生物学中，用于解释现象的功能陈述至少有这样六种：生物学作用、负反馈、生物学优势、选择效用、生态适应以及意向性陈述。下文将分别分析这六种功能陈述如何被用于解释现象，以及在解释现象的过程中是否符合覆盖律模型。本书认为生物学功能解释按其逻辑形式可分为三种类型：因果机制＋边界条件、模型与现象的同构关系型以及最佳解释推理。

第一，生物学作用描述一个特征或活动如何对有机体的一个复杂能力的突现有贡献。这种贡献在一些科学哲学研究者如内格尔看来是一种必要条件关系，即这个特征或活动是有机体一个复杂能力的突现的必要条件。通过陈述这种必要条件关系，再加之其他事实陈述，能够构成对出现某一特征的解释。例如内格尔曾提出以下论证：

（1）在一定的时期，某植物被提供水、二氧化碳和阳光；

（2）在那个时期且在被提供水、二氧化碳和阳光的情况下，该植物表现出光合作用（亦即在阳光下从二氧化碳和水中形成淀粉）；

（3）如果在一定的时期，植物被提供水、二氧化碳和阳光，那么若这种植物表现出光合作用，则这种植物包含叶绿素。

（4）所以，该植物含有叶绿素。

（3）可以作为普遍规律吗？显然不能，因为光合作用并不是植物含有叶绿素的充分条件，即叶绿素并不是植物进行光合作用的必要条件。比如，一些菌类不含叶绿素，它也一样进行光合作用。内格尔对自己的功能解释模型不太满意，认为（3）不能算作因果规则，但他没有提出解决方案。如果想要使此论证成立，只需要将（3）的陈述限定在对“绿色植物”的概括上，即附加上使（3）得以成立的条件“（a）在绿色植物中”。内格尔并非不知道将植物限定为“绿色植物”就能使论证成立，他之所以没有明确提出限定，是因为他认为科学解释必须遵循覆盖律模型，而覆盖律模型要求解释项至少包含一个普遍定律，如果为（3）附加上条件，则（3）就不能算作适用于所有对象的普遍定律，不符合覆盖律模型所要求的论证成立条件之一，即解释项至少包含一个普遍定律。如果不附加条件，上述功能解释就不能成立；如果附加条件，功能解释就不满足覆盖律模型。事实上，在功能生物学中，功能生物学家不会去追究解释是否符合覆盖律模型，他们研究的目的在于弄清楚植物中叶绿素与植物进行光合作用的因果关系（如叶绿素对植物进行光合作用有贡献），以及这种因果关系成立的条件（如在绿色植物中，在有水、二氧化碳、阳光的情况下）。

第二，负反馈描述的是在一个系统S中，一个项目（结构或特征）x运行y，并且y使得包含x的系统S在受到干扰时仍能维持某种平衡，那么x具有功能y，我们可以将这种功能陈述称为负反馈功能陈述。通过陈述这样一种负反馈机制，加上一些事实陈述，也能构成对出现某一特征的解释。例如：

(1) 在人体中，当血糖发生变化时，胰岛根据血糖的不同情况而分泌不同激素，使得人体的血糖水平得以维持平衡；

(2) 某人A的血糖发生变化；

(3) A没有出现高血糖或低血糖的病症；

(4) 如果人体的血糖发生变化时，没有及时得以维持平衡，人就会出现高血糖或低血糖的病症；

---

(5) 所以，某人A体中有胰岛。

在这个论证中，(1) 是一个因果机制，单靠这个因果机制与作为事实陈述的 (2) (3)，并不能推出 (5)；要想推出 (5)，还需要附加条件 (4)。当然，在实际生活中，被摘除胰腺的人通过服用药物同样能够在血糖发生波动时使血糖的平衡得以维持，这似乎成为该论证的一个反例。导致该反例出现的原因在于，正常的胰岛是维持血糖平衡的充分条件，而不是充要条件。在该论证的前提中并不存在普遍规律，所以不能通过前提演绎推出结论。

第三，一个特征或行为的优势常被称为这个特征的“功能”，这是生物学优势意义上的“功能”。在这种意义上，一个特征或行为的功能来自该特征或行为所具有的能力，因为拥有这个特征的有机体比缺少这个特征的类似有机体有更好的生存机会。当问：“为什么蛇的舌头是细长分叉的?”可以回答：“蛇这种细长分叉的舌头与其他形状的舌头相比，前者具有在同一时间抽取两个不同点的化学信息来探测猎物的能力，这使得拥有这种舌头的蛇比不具有该性状的蛇有更好的生存机会。”显然，这种回答只是一种虚拟陈述，不具有论证的形式，但这种回答提供给我们关于蛇细长分叉舌头所具有优势的知识，并且假如日后发现一种生物的舌头具有在同一时间抽取两个不同点的化学信息来探测猎物的能力，那么我们就可以推断这种生物的舌头很有可能是细长分叉的形状。故而，不能因为这种回答不符合论证形式就否认其合理性。仔细分析上面的回答，会发现这种回答包含了一个生物学作用陈述（即蛇细长分叉舌头具有在同一时间抽取两个不同点的化学信息来探测猎物的能力）以及一个虚拟比较陈述（即拥有细长分叉舌头的蛇比不具有该性状的蛇有更好的生存机会）。生物学作用陈述回答“蛇细长分叉舌头怎样捕食”（问题 1），而虚拟比较陈述则回答“为什么蛇的舌头是细长分叉的，而不是其他形状的”（问题 2）。问题 1 是关于“怎么样”的问题，不需要论证，只需要陈述“蛇细长分叉舌头具有在同一时间抽取两个不同点的化学信息来探测猎物的能力”，问题就能得到解答。问题 2 是关于“为什么”的问题，但不是问“为什么蛇有细长分叉舌头”，而是问“为什么蛇的舌头是细长分叉的，而不是其他形状的”。假设对问题 2 的回答要求符合覆盖律论证形式，将会是以下论证：

（1）动物具有细长分叉的舌头与具有其他形状的舌头相比，前者具有在同一时间抽取两个不同点的化学信息来探测猎物的能力，这使得拥有这种舌头的动物比不具有该性状的类似动物有更好的生存机会；

（2）如果动物的舌头具有在同一时间抽取两个不同点的化学信息来探测猎物的能力，那么这种舌头是细长分叉的形状；

（3）只有具有更好生存机会的性状才存在；

（4）蛇的舌头有在同一时间抽取两个不同点的化学信息来探测猎物的能力；

（5）所以，蛇的舌头是细长分叉的，而不是其他形状。

（1）～（4）合取推出（5），但（1）和（2）能不能算作普遍定律？（1）是一个没有办法检验的概括，因为事实上目前不存在不具有细长分叉舌头的蛇。（2）也会遇到反例，青蛙的舌头也具有在同一时间抽取两个不同点的化学信息来探测猎物的能力，但青蛙的舌头并不是细长分叉的。前提（3）则更值得质疑，事实上生物中存在许多退化的性状，如鼹鼠的眼睛、家鸭的翅膀、人的智齿，前提（3）显然不成立。如果要求对问题2的回答必须符合覆盖律论证，则前提（1）（2）（3）必须同时满足，缺一不可。但前提（1）（2）（3）的成立却令人质疑，所以要想通过覆盖律论证来回答问题2不太现实。

第四，选择功能陈述的特点是具有前因性，即通过追溯某特征过去被选择的效应来说明该特征当前的功能。这种功能陈述有时也被用来说明某特征的存在。例如上文中维姆萨特曾使用的例子：

“（1）根据进化论，绝对可能（overwhelmingly probable）的是：在当前环境中任何显示有一个功能的实体的存在和形式，都要将其存在和形式归因于在过去环境的历史中选择过程的因果影响。

（2）在这个当前环境中，显示这个特征有一个功能。

（3）因此，这个特征存在并且有如此形式（这是因为在过去环境的历史中选择过程的因果影响）。”[①]

在这个例子中，维姆萨特在（1）中通过强调“根据……理论，绝对可能的是”保证了（1）能够作为一个普遍规律，使得整个论证符合覆盖律模型。但（1）是否能作为普遍规律是令人怀疑的。在生物学中，一个特征的存在和形式也可能是由偶然突变导致的，而非选择。例如，虎由于某基因发生突变，在其后代中出现了白虎，白虎的体色并不是由于历史选择导致的，而仅仅是因为偶然突变。如果想反驳该反例，为（1）作为普遍规律进行辩护，通常有以下途径：否认偶然突变的特征不显示有一个功能，从而认为反例不在（1）的讨论范围之内。但这涉及对“功能”概念的澄清，除非将“功能”理解为某特征过去对其进行选择的效应，才能达到为（1）辩护的目的。因为如果不这样理解“功能”，就会出现反例：猎人发现了白虎的体色与众不同，将其捕获卖给动物园作为观赏。在动物园里，白虎的体色具有功能，即供人观赏。那么，反

① William C. Wimsatt. Teleology and the Logical Structure of Function Statements [J]. Studies in History and Philosophy of Science, 1972, 3 (1): 78.

例依然成立，(1)不能算作一个普遍规律。如果按覆盖律模型的要求，维姆萨特的论证不成立。如果将“功能”理解为某特征过去所为之被选择的效应，那么(1)就出现了同义反复：在当前环境中任何显示有一个过去对某特征进行选择的效应的实体存在和形式，都要将其存在和形式归因于在过去环境的历史中选择过程的因果影响。这等于说“选择”导致“选择”。(1)依然不能构成覆盖律模型所要求的普遍定律（这里指经验定律）。如果按覆盖律模型的要求，维姆萨特的论证依然不成立。

第五，在生态学中，常用生态适应功能陈述来解释一些现象，比如用“变色龙会变色的皮肤具有伪装的功能”来解释“变色龙的皮肤会变色”。这种解释其实质是通过陈述个体或性状与环境之间的匹配关系来解释为什么会出现该个体或性状。这种解释之所以成立，实质上包含了以下条件：

(1)变色龙的皮肤能随背景变化而改变颜色，使之与环境相协调，变色龙皮肤的这种特征能使变色龙得以伪装以躲避捕食者，从而使得变色龙与环境相适应。

(2)一些先验的标准规定了什么样的生物—环境关系是适应的，这种先验标准能够根据某种工程（生态学）的分析被确定（如建立变色龙皮肤变色次数、鹰的数量、变色龙的数量、环境变化等所组成的函数关系，从而来确定变色龙通过改变体色成功躲避鹰的次数之间的关系）。

(3)是通过建立函数模型来确定什么是生物—环境相适应的标准，它与“变色龙的皮肤会变色”这种现象的关系是模型与现象的同构关系，而非普遍规律与其蕴含的经验事实之间的关系。所以用生态学功能陈述来解释现象并不符合传统的覆盖律模型。

第六，在一些情况下，功能与意向相联系，没有意向就没有功能，使用此类“功能”意义的陈述可称为意向性的功能陈述。尼森（Lowell Nissen）把意向意义的功能陈述总结为以下形式：“X的功能是Y，当且仅当，W意欲（intend）X运行Y。”[①] 这种功能陈述往往被用来解释人工物的存在以及有意向的高等动物的行为，如用“汽车的功能是运

① Lowell Nissen. Teleological Language in the Life Sciences [M]. Rowman & Littlefield Publishers, INC. Lanham • New York • Boulder • Oxford. 1997：209.

输”来解释“汽车的存在”，用“树枝的功能是捕食白蚁”来解释“黑猩猩使用细长的树枝插入泥堆”的行为。用意向性功能陈述来解释现象，涉及人或高等动物的目的，所以也称目的论功能解释。由于这种解释与意向、目的相关，不可能给出普遍规律，所以不可能遵循覆盖律模型。作解释的人如何知道被解释的人或高等动物某行为的意向、目的呢？这通常是通过观察其行为所表现的结果来确定的。人制造汽车后，用汽车来运输；黑猩猩使用细长的树枝插入泥堆后，抽出树枝舔食附着在树枝上的白蚁。如果人制造一种汽车，不用它来运输，而是用它来参加展览，则用“汽车的功能是参展”来解释该汽车的存在。如果令 t_1，t_2分别表示一个事件发生过程中两个不同的时间点，t_1表示初始状态的时刻，t_2表示结果状态的时刻，则以上这种解释的实质是用 t_2时刻的结果状态来解释 t_1时刻的行为，故常被人称为“事后聪明”。这种模式的解释究竟有没有解释力？暂且把这个问题留待下一章解答，但至少有一点是明确的：用意向性功能陈述所构成的解释与覆盖律解释有着不一样的解释模式。对于前者，解释项与被解释项并不是演绎推演的关系；而对于后者，被解释项是从解释项中演绎推导得出的。

通过逐一考察使用各种功能陈述说明现象的情况，可以发现无论是在功能生物学中，还是在进化生物学以及研究高等动物的行为心理的生物学中，用功能陈述对现象进行解释都不满足覆盖律模型的要求。这主要是因为，演绎律则解释所遵循的覆盖律模型要求解释必须具备以下四个恰当性条件：第一，解释必须是一个有效的演绎论证；第二，解释项必须至少包含演绎中实际需要的一个普遍定律；第三，解释项必须是经验上可检验的；第四，解释项的句子必须是真的。一般认为，覆盖律模型所要求的普遍定律是指斯马特（J. J. C. Smart）所说的“严格定律”，即“这些定律有非常重要的特征，即在被假定可以应用于所有时空的意义上是普遍的，而且其表述只能完全使用普遍词项而不使用专门或隐含指称专名的词项”①。在生物学中，尤其是在进化生物学中，进化过程中的事件具有唯一性和偶然性，不可能遵循严格定律。即使是在功能生

① J. J. C. Smart. Philosophy and Scientific Realism [M]. London: Routledge & Kegan Paul, 1963: 53.

物学中，通过归纳所得出的概括性规则也需要指出其规则出现所需要的附加条件，而这些条件会因具体研究对象的不同而改变，原则上不可能给出适合所有对象的附加条件。故而，在生物学中，极少会有满足覆盖律模型的严格定律。因此，生物学中用功能陈述对现象进行解释不可能严格地遵循覆盖律模型。

生物学功能解释按其逻辑形式可分为三种类型：

第一，“因果机制＋边界条件”。例如，用光合作用功能来解释植物中存在叶绿素，其实质是陈述植物中叶绿素与植物进行光合作用的因果关系（如叶绿素对植物进行光合作用有贡献），以及这种因果关系成立的条件（如在绿色植物中，在有水、二氧化碳、阳光的情况下）。

第二，模型与现象的同构关系型。例如用“变色龙会变色的皮肤具有伪装的功能”来解释“变色龙的皮肤会变色”。这种解释其实质是通过陈述个体或性状与环境之间的匹配关系来解释为什么会出现该个体或性状。个体或性状与环境之间的匹配关系可以根据某种工程（生态学）的分析来确定（如建立变色龙皮肤变色次数、鹰的数量、变色龙的数量、环境变化等所组成的函数关系，从而来确定变色龙通过改变体色成功躲避鹰的次数之间的关系）。

第三，最佳解释推理。例如用“蛇细长分叉的舌头具有在同一时间抽取两个不同点的化学信息来探测猎物的功能，与其他形状的舌头相比，细长分叉的舌头有更好的生存机会”来解释“为什么蛇有细长分叉的舌头”。如何判定蛇细长分叉的舌头比其他形状的舌头有“更好的生存机会”呢？现实中并不存在具有非细长分叉的其他形状舌头的蛇，所以这个解释实质上是用已存在的结果来解释现象。这种用结果解释现象的推理形式最早被亚里士多德（Aristotle）称为逆推，皮尔士将之称为回溯推理（abduction），哈尔曼称之为“最佳说明推理”。

第二节　功能解释的意义

上一节的分析表明，生物学中用功能陈述对现象进行解释并不严格遵循覆盖律模型。要想通过将功能解释纳入科学解释的惯用模型——覆盖律模型来捍卫功能解释的恰当性是行不通的。格瑞斯蒂认为功能解释是一种“某物对于维持某个状态的‘价值’的说明”，不可能像科学理论那样具有预见性，也不可能苛求它满足亨普尔的科学解释的可检验性要求。在笔者看来，将功能解释的合理性确立在这种“价值”说明上，会贬损功能解释在我们认知过程中所起的作用。如果功能解释仅仅是一种事后聪明，那么生物学家在生物学实践中又为何频频使用它，难道生物学家都只会事后聪明吗？当然不是，不同的功能解释在生物学实践中有着不同的价值。以下将从不同的生物学科来考察不同的功能解释的合理性。

在研究高等动物的行为心理的生物学中，用意向来解释现象。如问：“为什么黑猩猩将细长的树枝插入泥堆?”答曰：“这是在捕食白蚁，捕食白蚁是黑猩猩的一种意图（或目的)。”用意图来解释行为是用结果来解释现象，相较于传统的演绎律则解释来说的确是一种事后聪明，但这种解释为我们提供了黑猩猩捕食方式的知识。其解释目标是确定行为与心理之间的因果联系。我们不能因为一种解释不符合正统科学解释的形式和要求就排斥这种解释。

在功能生物学中，用生物学作用和负反馈机制去解释现象时会提供给人们某特征或活动怎样运行的信息，生物学家通过解剖、实验等方式了解这些信息，并根据这些信息研制药物或仪器。例如，在知道心脏的内部结构、心肌的收缩如何对心脏搏血的能力有贡献的情况下，心脏起搏器就应运而生，这种代替心脏工作的器械不知帮助了多少因心脏受损而生命受到威胁的人。在知道胰岛如何平衡血糖后，人工合成的胰岛素使得糖尿病人能过近乎健康人的生活。随着基因遗传学的发展，生物学家知道了 DNA 的结构以及基因信息的表达，这使得靶向治疗成为可能，生物学家可以针对肿瘤细胞内部的一个蛋白分子或一个基因片段来设计相应的治疗药物，使肿瘤细胞特异性死亡但又不危害肿瘤周围的正常组织细胞。在生物学实践中，功能生物学家往往不会在意有没有普遍规律可以推论出某个结论，他们更在意的是发现某个因果机制，他们用功能陈述解释现象，其目标在于确定现象之间实际的因果关系或机制以及这些关系或机制得以成立的条件。

对进化生物学中功能解释的质疑要比功能生物学中的多，这是因为进化生物学中功能解释涉及一些同义反复以及反事实比较的问题。其一，用生物学优势去解释现象会遇到反事实比较是否能够成为解释的问题。如问："为什么鸟类和哺乳动物的心脏有四个腔？"答曰："拥有四腔心脏的有机体比非四腔的心脏的类似有机体有更好的生存机会。"这里的问题在于，在现实世界中找不出不是四腔心脏的鸟类和哺乳动物，因而我们不能用经验来证实或证伪这种比较，故而反事实比较能不能作为一种科学解释这一问题就被悬置起来。此外，对"生存机会"的度量一般依赖于"适合度"，而密立根认为"进化生物学中实际使用的适合度概念之所以被作为一个较好的定义，仅是因为它从未涉及虚无的特征，而是与群体中实际发现的可替代性特征相关"[1]。如果按密立根的观点，反事实比较中的"生存机会"无法用"适合度"来度量，那么其度量标准是什么？若不能找出一个度量标准，那么反事实比较对解释现象来说就没有说服力。其二，用选择效用去解释现象，实质上是用过去的选择史来解释当前的现象，但由于历史不可复制，当前的现象在时间和空间上已经与过去的历史有很大的不同，我们凭什么认为过去的选择史能提供当前现象的解释？其三，用生态适应去解释现象，会遭受"适者生存"的同义反复责难。

以上提到的每一个问题都值得深入探讨和澄清，但由于本书篇幅以及写作时间有限，对这些问题不能一一展开。

在生物学中不存在普遍规律，"彻底弄清一个细胞的化学组成是完全可能的，而这些化学成分通过什么途径形成细胞的问题可能永远是个秘密。对任何生物学现象的解释都要以此为界限，即不能单独用物理—化学规律来解释生命过程，不能发现支配一切独特生物学事件的普遍定律"[2]。生物学家会因研究目的的不同使用不同的功能陈述来解释现象。

功能生物学中，用作为生物学作用的功能陈述以及作为负反馈的功能陈述来解释现象，实质上是用因果关系或因果机制加上一些能确保此关系或机制得以成立的条件来解释现象。这些条件会因解释对象的不同而发生改变，很难找到适用于所有对象的所有条件，故而不可能有演绎律则模型所要求的普遍规律。功能生物学家研究的目的是寻求生物所表

---

① Ruth Garrett Millikan. An Ambiguity in the Notion "Function" [J]. Biology and Philosophy, 1989 (4): 174.

② 董国安. 生物学解释的限度 [J]. 自然辩证法研究，1999，15 (2): 5.

现的因果关系或机制以及这种关系、机制得以建立的条件，也正是他们的这种研究目的决定了其在对现象进行解释时使用上述功能解释。

进化生物学中，“许多情况下生物学家并不计较一种模型描述的机制是不是真实的进化过程，而只要求模型给出的结果与实际结果有某种同构关系”[①]。用作为生态适应的功能陈述来解释现象实质上是建立一种描述生态适应过程的模型，使得模型与现象具有一种同构关系。这种解释正是持有上述研究目的的生物学家给出的。在进化生物学中，还有两种与生态学适应解释不同的解释，即生物学优势解释与选择解释，一般侧重于比较研究的生物学家会使用生物学优势解释，用于解释为什么生物出现此种性状而不是其他性状；而侧重于研究进化史的生物学家则使用选择解释，来阐明选择史如何影响现存特征。研究高等动物行为心理的生物学则通过实验、观察等来确立高等动物的行为与心理之间的关系，所以以此为研究目的的生物学家用作为意向性的功能陈述来解释高等动物的行为。

生物学中的功能解释的逻辑形式有三种类型：“因果机制＋边界条件”、模型与现象的同构关系型以及最佳解释推理。关于前两种形式的解释类型合理性问题的争议不多，而对于最佳解释推理是否具有合理性的争议很大。这种最佳说明推理与演绎和归纳推理不同，如果可以找到对此类推理的辩护，则功能解释的推理形式的合理性便也可以得到辩护。

---

① 董国安：进化论的结构——生命演化研究的方法论基础［M］. 北京：人民出版社，2011：169.

第四章　功能解释作为最佳解释推理

经过上一章的讨论，可以看出生物学中的功能解释与传统的科学解释有很大的不同，不能因为其不同于正统科学解释就否定其合理性。但如果像格瑞斯蒂那样将功能解释的合理性确立在一种“价值”说明上，会贬损功能解释在我们认知过程中所起的作用；那么该如何确立功能解释的合理性地位呢？本章将介绍最佳解释推理，认为最佳解释推理反映了我们的认知过程。功能解释中的生物学优势解释、选择解释以及意向解释就是最佳解释推理，在没有更好的解释的前提下，最佳解释推理具有合理性。由于研究领域不同，可以有多种解释类型。这些解释类型之间不是相互排斥的，而是互补的。

第一节　最佳解释推理

最佳解释推理有时也称为“溯因推理”（abduction）或“回溯推理”，即被说明的现象最终给确信这个说明的正确性提供了重要理由，故而也是一种“自我印证”（self-evidencing explanation）。例如，天文学中测量到某一星体的光谱出现红移，天文学家会假设该星体相对于地球正以某速度退行，该星体相对于地球的退行速度解释了这个星体的光谱红移现象，而观测到的红移让天文学家有理由相信该星体相对于地球正以某速度退行。退行说明了红移现象，红移现象又最终给确信这个说明（退行）的正确性提供了重要理由。

溯因法最早可以追溯到亚里士多德，“亚里士多德列举了推理的类型，即演绎的、归纳的以及另一叫作α′παγωγη′的，后者被译作‘溯回’，而皮尔斯则译作‘外展’或‘逆推’”[1]。皮尔士对这种方法进行了研究，将之称为回溯推理，其模式可概括如下：

（1）某一令人惊奇的现象A被观测到；

（2）如果H为真，那么A得到理所当然的解释；

（3）因此，有理由认为H是真的。

皮尔士提出回溯推理为科学发现提供了一种合适的方法论，是一种不同于归纳和演绎的方法。“回溯推理始于事实”，“归纳推理始于假说”，“回溯推理寻求理论，归纳推理寻求事实”。[2] 在皮尔士的回溯推理中，观测到令人惊讶的事实A是第一步，我们原有的背景知识及理论说明不了这个事实A。于是，我们尝试提出假说H，当H能得到经验证实其为真（皮尔士所要求的），那么H就可以说明A，同时A被说明也给确信这个说明为真提供了重要理由。

N. R. 汉森继承了皮尔士的回溯推理概念，他在《发现的模式》（*Patterns of Discovery*）一书中对回溯推理进行了论述，引起了当代科学哲学家们对回溯推理的关注，使其成为非演绎推理研究的一个主要议题。汉森并未指出通过回溯推理可以断言假说H为真，而是如果H为真，则H说明了A，故而有理由认为H是真的。这种“逆推法只是提出了对观察事实的可能说明”[3]。回溯推理并未回答如何判断“H为真”的问题，皮尔士和汉森都只要求H在得到实验或经验的证实之后就能够说明A，但经验是可错的，经验证实并不必然推出“H为真”，这也正是回溯推理遭受的质疑之一。此外，假说H如何被提出？难道它“是一种神秘的猜测能力”？[4] 这种回答显然不能令人满意。

哈尔曼1965年在《最佳说明推理》一文中首次使用了“最佳说明推理”（the inference to the best explanation）这个术语，这种推理具有“从某个给定假设能够解释证据，进而推断这个假设为真”[5] 这一特点，

---

① N. R. 汉森. 发现的模式［M］. 邢新力，周沛，译. 北京：中国国际广播出版社，1988：92.

② Peirce C S. Collected Papers of Charders Peirce［M］. Cambridge：Harvard University Press，1958：137.

③ 邢新力：汉森与《发现的模式》［J］. 自然辩证法通讯，1988，2：76—79.

④ Peirce C S. Collected Papers of Charders Peirce［M］. Cambridge：Harvard University Press，1958：p318.

⑤ Gilbert H. Harman. The Inference to the Best Explanation［J］. The Philosophical Review，1965，74（1）：89.

在此意义上它可以算作回溯推理。但与回溯推理不同的是，最佳说明推理强调一种比较，在最佳说明推理中往往有几个能够解释证据的假设，故而是“从某个给定假设能够给证据提供一个比其他假设更好的解释，进而推断这个给定假设为真”[①]。通常我们认为推理优于说明，科学家必须先确定接受某个假说，之后对某个观察进行说明时，使用他已接受的假说；而最佳说明推理认为说明优于推理，通过考察各种假说对可用证据进行说明的程度，从而确定我们接受哪些假说。如何确定接受哪些假说呢？如何判断一个假设比其他假说更好呢？哈尔曼认为更好的解释是基于“假设更简单、更可信，解释得更多，有更少特设性等”[②]。但哈尔曼给出的这种标准显然不明确，什么是更简单？什么是更可信？一个逻辑为真的重言式从逻辑上讲比任何其他归纳语言更可信，但它并没有告诉我们更多的内容，也并未解释得更多。哈尔曼意识到这种判断“更好解释”的标准有问题，但他并未对此提出解决办法。

萨加德对哈尔曼的判断标准进行了改进，提出了判断哪个假设是“更好的解释”的三条标准，即一致性（consilience）、简单性(simplicity)和类比性（analogy）。萨加德对这三个标准一一进行了定义：

首先，一致性的定义。“令 T 为一个理论，这个理论由一个假说设集 $\{H_1 \cdots H_m\}$ 构成；令 A 为一个辅助假说集：$\{A_1 \cdots A_n\}$；令 C 为可接受的条件集：$\{C_1 \cdots C_j\}$；并且令 F 是一个各类事实的集合：$\{F_1 \cdots F_k\}$；T 是一致性的，当且仅当，$T \wedge A \wedge C$ 时，解释 F 中的元素 F_i（$k \geqslant 2$）。”[③] 令 FT_i 是被理论 T_i 解释了的各类事实集，根据上述定义，在满足以下两个条件中任意一个时，就可以比较两个理论哪个更具有一致性：(1) T_1 就比 T_2 更具有一致性，当且仅当 FT_1 的势（cardinality）大于 FT_2 的势[④]；或（2）T_1 就比 T_2 更具有一致性，当且仅当 FT_2 是 FT_1 的真子集。

其次，萨加德为一致性标准加了一个约束条件，即简单性。萨加德

---

① Gilbert H. Harman. The Inference to the Best Explanation [J]. The Philosophical Review, 1965, 74 (1): 89.

② Gilbert H. Harman. The Inference to the Best Explanation [J]. The Philosophical Review, 1965, 74 (1): 89.

③ Paul R. Thagard. The Best Explanation: Criteria for Theory Choice [J]. The Journal of Philosophy, 1978, 75 (2): 79.

④ FT_1 的势（cardinality）大于 FT_2 的势是指集合 FT_1 中元素的个数多于集合 FT_2 中元素的个数。

所指的简单性是“与解释紧密相关的简单性”[①]。被理论 T 所解释的事实 F 需要一个给定条件集合 C 和一个辅助假设集合 A，由于给定条件 C 独立于 T 和 F，所以我们要考察的是 A 的简单性。辅助假设 A 不是理论 T 的一部分，它是辅助理论 T 来解释事实 F 的。如燃素说在解释金属燃烧重量增加时，引进辅助假说即燃素有负重量，拉瓦锡对此进行了批评，认为燃素理论需要许多且不一致的假设来解释燃烧现象，而他的氧化说则不需要这些辅助假说。简单性就是考察理论 T 解释事实 F 时所需要的辅助假设 A 集合的性质，如果一个理论 T 的假设集合 A 中的元素 $A_1 \cdots A_n$ 在性质上相似，就表明这个假设集合更简单。

最后，萨加德对类比性的说明如下：

假设 A 有性质 P、Q、R、S；B 有性质 P、Q、R；并且

假设我们知道 A 因为有 S 能够很好地解释它为什么有 P、Q、R；

那么，B 有性质 S 就是 B 为什么有 P、Q、R 最有希望的解释，因为 A 与 B 之间的类比提高了 S 对 P、Q 和 R 解释的价值。

萨加德的一致性、简单性和类比性这三个标准都是针对如何选择假说提出的，而非评判最佳说明的标准，假说是不等同于说明的。

利普顿认为“最佳说明的推理的形式是一种最可爱的潜在说明的推理”[②]，据此可知，他将判断“更好解释”的标准放在可爱性与潜在说明上。为了阐述这个标准，他借助事实—陪衬物结构，对两组概念进行了区分：一组是实际说明与潜在说明的区分，另一组是最可能的说明与最可爱的说明的区分。

一、事实与陪衬物

日常中我们提出为什么问题其实常常带有比较的形式，不同的人选择不同的陪衬物来要求不同的说明。通常的形式是“为什么是 P 而不是 Q”，这里 P 代表事实，而 Q 就是陪衬物。

利普顿引入差异原则，认为“要说明为什么是 P 而不是 Q，我们就

① Paul R. Thagard. The Best Explanation: Criteria for Theory Choice [J]. The Journal of Philosophy, 1978, 75 (2): 86.

② 彼得·利普顿. 最佳说明的推理 [M]. 郭贵春，王航赞，译. 上海：上海科技教育出版社，2007：59.

必须引用P与非Q之间的一个因果差异，来构成P的原因以及非Q情形下对应事件的缺乏”[1]。一个对应事件是指“它与Q的关系就像P的原因与P的关系那样”[2]。按照利普顿的定义，如果牛津大学和莫纳什大学都邀请刘易斯，刘易斯最后去了莫纳什大学。为什么刘易斯去莫纳什大学而不是去牛津大学呢？莫纳什大学的邀请并不能作为为什么刘易斯去莫纳什大学而不是去牛津大学的原因，因为尽管在他到莫纳什大学去的历史中有一个莫纳什大学的邀请，但历史上也有一个让他去牛津大学的邀请。如果刘易斯去莫纳什大学的邀请要作为他为什么去莫纳什大学而不是去牛津大学的原因，那么必须满足差异原则，即牛津大学方面没有邀请刘易斯。“尽管差异原则可能对具体事件的因果比较来说是必要的，但它并不是普遍充分的。”[3] 如果一个人问为什么获得论文奖的是Lucy而不是Tom，这个人可能已经知道Lucy发表了优质论文，但Tom也发表了论文，此种情形下，回答者必须告诉提问者一些新的内容，如Lucy的论文比Tom的论文影响力更大等信息。

在利普顿的对比性说明中，可以看出陪衬物（foil）是与相关事实有相似的历史条件，并且往往是提问者期望出现而实际没有出现的现象，它与提问者的兴趣相关，对相同的事实，不同的人基于不同的说明兴趣会选择不同的陪衬物。

二、两组概念的区分

利普顿引用了亨普尔对实际说明与潜在说明进行的区分。实际说明是解释项演绎蕴含被解释项，解释项中至少包含一个定律和初始条件，并且解释项为真；而潜在说明则是满足实际说明所有条件，除了解释项可能为真的条件以外的说明。换言之，潜在说明就是未确定真值的说明，是实际说明的备选者。

最可能（likeliest）的（或称最可靠的）说明与最可爱的说明的区

① 彼得·利普顿. 最佳说明的推理［M］. 郭贵春，王航赞，译. 上海：上海科技教育出版社，2007：41.

② 彼得·利普顿. 最佳说明的推理［M］. 郭贵春，王航赞，译. 上海：上海科技教育出版社，2007：42.

③ 彼得·利普顿. 最佳说明的推理［M］. 郭贵春，王航赞，译. 上海：上海科技教育出版社，2007：47.

分。“可能性说的是真值；而可爱性说的是潜在的理解。”[1] 燃素说和氧气说都能对物质的燃烧进行说明，它们相对于灵力对物质的燃烧进行说明更可爱，但从化学元素角度来说，氧气说要比燃素说更可靠。利普顿没有明确指出如何判断最可爱说明，但通过他在产褥热案例中分析事实—陪衬物结构如何有助于最佳说明的判断，可以推断利普顿的可爱说明标准，即潜在理解力是指对新的对比结构进行解释的能力。

在塞麦尔维斯（Ignaz Semmelweis）从事研究的那个医院，产妇得上产褥热后常常会死亡，塞麦尔维斯想找到引起产褥热的原因。他获得的资料显示：第一产科病区的妇女患产褥热的比例要高于与它相邻的第二产科病区，其死亡率也高于第二产科病区。他提出了几个可能说明两个产科病区死亡率差异的假说，为了方便分析此处只取其中两个假说：

（1）牧师携最后的圣餐经过第一产科病区，而不经过第二产科病区。第一产科病区的病人看到牧师携最后的圣餐经过，产生了对死亡的恐惧，这是第一产科病区病人较高死亡率的原因。

（2）第一产科病区医生尸检之后没有洗手消毒而直接对产妇进行检查，尸体物质使第一产科病区产妇感染患上产褥热，导致第一产科病区死亡率较高。

按利普顿的事实—陪衬物结构，可以将以上假设分析如下：

待说明的事实：第一产科病区死亡率较第二产科病区高；

A说明：牧师携最后的圣餐经过第一产科病区（陪衬物1：没有牧师携最后的圣餐经过的第一产科病区死亡率不比第二产科病区高）；

B说明：第一产科病区医生尸检之后没有洗手消毒而直接对产妇进行检查使得产妇感染尸体物质（陪衬物2：在第一产科病区医生尸检后洗手消毒的第一产科病区死亡率并不比第二产科病区高）。

塞麦尔维斯让牧师绕道而行使得第一产科病区病人看不到这个牧师，发现这并没有影响第一产科病区死亡率，第一个假设并不能说明这个新现象。塞麦尔维斯的同事在一次尸检中划破手指，之后死于一种与产褥热相同的疾病，这使塞麦尔维斯想到可能是因为“尸体物质”通过

---

[1] 彼得·利普顿．最佳说明的推理［M］．郭贵春，王航赞，译．上海：上海科技教育出版社，2007：58.

伤口进入他那个同事的血管中导致其死亡。同时塞麦尔维斯想到，第一产科病区医生尸检之后还未洗手消毒就对产妇进行检查，他假设这可能是导致第一产科病区死亡率较第二产科病区高的原因，如此便有了事实—陪衬物 2 的结构。于是，塞麦尔维斯让第一产科病区医生尸检之后洗手消毒，发现第一产科病区死亡率下降到了和第二产科病区死亡率相当的水平。第二个假设能够说明这个新现象和事实—陪衬物 2 的结构，并且能够说明事实—陪衬物 1 的结构。第二个假设相比第一个假设能解释更多潜在的事实—陪衬物结构，即更可爱。

塞麦尔维斯在进一步实验和观察中发现了新的事实—陪衬物对比结构，通过"检验各假说能否说明不断发现的事实—陪衬物对比结构来对备选假说不断排除，最终留下的那个具有最大潜在理解力的假说即是提供最可爱说明的假说"①。

第二节　最佳说明推理与其他模型的比较

以下将最佳说明推理与演绎—律则模型、假说演绎模型以及贝叶斯进行比较，说明其相较于其他三种模型的优点。

一、最佳说明推理与演绎—律则模型

利普顿认为最佳说明推理作为一种比较性的说明，在一些方面优于演绎—律则模型：

首先，能排除不相关因素。演绎—律则模型最典型的困难就是不能排除不相关因素，这是因为在演绎—律则模型下，原因是从普遍规律中演绎出来的。

$$\left.\begin{matrix} L_1, L_2, \cdots, L_r \\ (D-N) \end{matrix}\right\}\text{解释语句}$$

① 侯旎，顿新国. 利普顿最佳说明推理探析 [J]. 重庆理工大学学报（社会科学版），2011，25 (11)：31-35.

$$C_1, C_2, \cdots, C_k$$

$$\overline{\qquad\qquad\qquad}$$

E　　　　被解释语句[①]

前提即解释项由普遍定律 L_1，L_2，…，L_r 以及其他断言特定事实的陈述句 C_1，C_2，…，C_k 所构成。我们可以增加一些真前提，这些前提与结论无关，增加的前提不会把一个有效的论证变成无效的论证，但不相关的增加会破坏说明。利普顿给出这样的例子："如果我说是琼斯而非史密斯患有局部麻痹，因为只有琼斯得了梅毒并且只有史密斯是一个有规律地到教堂做礼拜的人，我只说这么多，就已经给出了一个不正确的说明，因为去教堂是不能预防疾病的。"[②] 最佳说明推理认为说明优于推理，去教堂是不能预防疾病的，不能作为对琼斯而非史密斯患有局部麻痹的解释，从而避免了不相关问题。

此外，利普顿认为最佳说明推理作为一种比较说明优于演绎—律则模型的另一点在于"比较的观点对不封闭性给出了一种自然解释"[③]。用现今流行立领衬衫来说明为什么酒店里的所有侍应都穿立领衬衫，但这可能没有说明他们为什么都穿衬衫，酒店要求侍应都穿衬衫。按比较的观点，当我们问及立领衬衫时，暗示的陪衬物是其他种类的衬衫；但当我们问衬衫时，暗示的陪衬物是不穿衬衫。现今流行立领衬衫在前一种情形下表明了差异，而在后一种情形下没有表明差异。

二、最佳说明推理与假说演绎模型

利普顿阐述了假说演绎模型的几个困难，并且指出了 IBE 对这几个困难的解决：

第一，假说演绎模型忽视了发现的实际情况。假说演绎论认为科学家应在没有理论上的先入之见下收集所有相关材料，然后用归纳算法从这些材料中推出假说。但收集所有相关材料本身就存在操作困难，并且没有理论指导科学家也不能分辨哪些材料属于相关材料。在塞麦尔维斯

---

① 亨普尔．自然科学的哲学［M］．张华夏，译．北京：中国人民大学出版社，2006：79.

② 彼得·利普顿．最佳说明的推理［M］．郭贵春，王航赞，译．上海：上海科技教育出版社，2007：50.

③ 彼得·利普顿．最佳说明的推理［M］．郭贵春，王航赞，译．上海：上海科技教育出版社，2007：50.

的例子中，他是通过使用比较和差异法产生出一系列备选假说，这恰恰说明了 IBE 对发现的实际情况的描述。

第二，假说演绎模型在逻辑上有些困难，即通过否定后件，可以否定前件，但不知道具体否定前件中的哪一个。在证据否定了假说和辅助陈述的合取式的情况下，我们是应当拒绝假说还是拒绝辅助陈述？IBE 却能较好地说明如何拒绝一些假说，塞麦尔维斯拒绝一些假说并不是因为逻辑上假说被否定，而是因为这些假说未能说明差别。

第三，假说演绎模型过于严格。如果感染尸体物质是发热的必要条件，并如果有发热就一定有感染，那么消除了感染，发热就会消失。但实际上塞麦尔维斯观察到消除了感染发热并没有完全消失，而只是第一产科病区的死亡率下降到和第二产科病区一样低。按照假说演绎模型，应排除感染尸体物质的假说。但是，感染尸体物质说明了一种历时性的比较：第一产科病区医生尸检之后未洗手消毒时，第一产科病区死亡率高于第二产科病区死亡率；而后来第一产科病区医生尸检之后洗手消毒，第一产科病区死亡率下降到了和第二产科病区死亡率相当的水平。感染尸体物质能很好地说明这种死亡率的变化，故而塞麦尔维斯保留了尸体物质的假说。

第四，假说演绎模型过于宽容，不能排除不相关的材料，会出现乌鸦悖论。“所有 A 是 B”的假说蕴含“这个 A 是 B”，“这个 A 是 B”似乎支持了这个假说。但是“所有 A 是 B”逻辑等价于“所有的非 B 是非 A”，“所有的非 B 是非 A”蕴含“这个非 B 是非 A”，但“这个非 B 是非 A”并没有支持“所有 A 是 B”的假说。“所有乌鸦是黑色的”假说蕴含“这个乌鸦是黑色的”，“这个乌鸦是黑色的”似乎支持了这个假说。但是“所有乌鸦是黑色”逻辑等价于“所有不是黑色的东西不是乌鸦”，这蕴含“这个红苹果不是乌鸦”，但“这个红苹果不是乌鸦”与“所有乌鸦是黑色的”假说不相关。

利普顿认为最佳说明推理作为一种比较推理并不受乌鸦悖论的影响。在比较推理中，换质位（contrapositive）句的示例也可能有助于选择假说。在塞麦尔维斯的例子中，他既依赖于所有的感染尸体物质的产妇都会得产褥热的示例，又依赖于未得产褥热的未感染尸体物质这种换质位示例。未感染尸体物质的产妇为感染尸体物质得产褥热的产妇提供了恰当的陪衬物，尸体物质假说能对这一事实陪衬物结构进行说明，故而如果在与其竞争的假说中，其他假说不能说明这一事实陪衬物结构，而只有尸体物质假说可以说明，那么尸体物质假说可能相比与其竞争的假说更可爱，因此有助于选择尸体物质假说。但这不等于所有换质位示例都能支持假说，只有能提供恰当的陪衬物的示例才有资格有助于假说。利普顿对恰当陪衬物的判断依赖于“它与其事实所共有的历史”[①]。一双白色的鞋并不有助于选择尸体物质假说，因为一双白色的鞋并不为感染尸体物质得产褥热的产妇提供恰当的陪衬物。

利普顿的最佳说明推理回避了乌鸦悖论，但并未解决乌鸦悖论，亨普尔、奎因以及古德曼都曾尝试解决乌鸦悖论，但都面临不同的困难。由于本书篇幅以及写作时间有限，在此不作详细介绍。就目前而言，对乌鸦悖论较为认可和流行的解决方案是诉诸贝叶斯方法。

三、最佳说明推理与贝叶斯

经验主义者如范·弗拉森认为用贝叶斯概率定理可以表示经验证据对某假设的认知支持度，从而判断哪个假设为真。但如果在这个过程中，考虑说明效力就会陷入“大弃赌”的局面。这是因为“大弃赌”论证表明了“一个人的置信度亦即公平赌商一旦违反概率演算公理，那么，这个人就不可避免地处于大弃赌的境地”[②]，如果在 IBE 中，一个人赋予可爱说明以极高的后验概率，这个后验概率超过贝叶斯定理计算所能允许的概率时，这个人就会面临“大弃赌”，也意味着这个人的置信体系是不合理的。利普顿认为 IBE 是寻求最可爱的潜在说明，“这个推理过程建立在不同的说明效力标准的基础上，与该说明的真假无关，也与该说明与其经验证据的认知关系无关”[③]，IBE 无须用贝叶斯定理来表达，故而也与“大弃赌”无关。只有在假说被选中以后，对被选中的假说进行验证时，贝叶斯定理才发挥作用。

利普顿认为 IBE 与贝叶斯方法并不冲突，二者是互补的。

---

① 彼得·利普顿. 最佳说明的推理［M］. 郭贵春，王航赞，译. 上海：上海科技教育出版社，2007：92.

② 陈晓平. 大弃赌定理及其哲学意蕴［J］. 自然辩证法通讯，1997（2）：1—9.

③ 黄翔. 利普顿的最佳说明推理及其问题［J］. 自然辩证法研究，2008，24，（7）：1—5.

第一，IBE有助于贝叶斯似然性的确定和先验概率的确定。利普顿认为可爱性可以当作贝叶斯公式中的似然性（已知假说H时证据E的概率）来用，E的先验概率部分取决于当前信念所提供给E的一个好的说明。

第二，IBE有助于说明H和E的来源。贝叶斯定理描述了在具体证据下先验概率到后验概率的转变，这有助于理论的认证，但不能回答如何选择假说和证据。

IBE提出和选择假说之后，贝叶斯方法完成了假说到理论的认证过程。换言之，IBE寻求最可爱的潜在说明，而贝叶斯负责完成由最可爱的潜在说明向最可能（或称最可靠）的说明的过渡。也就是说，在寻求最可爱潜在说明时，只考虑说明力，不考虑可靠性；在用贝叶斯验证阶段才考虑可靠性。

第三节　最佳说明推理的困难及其辩护

IBE最大的困难是无法说明可靠性，即无法判断“H为真”。利普顿力图把IBE与贝叶斯结合起来，以此解决IBE的可靠性问题，但如此一来，IBE似乎退回到一个最佳假说推理，而不是最佳说明推理。

黄翔提出了用“缺省理由”的方式来改进和捍卫最佳说明推理。他对假说的说明力标准和可靠性标准之间的关系重新作了解释，即假设的可靠性不应该被搁置并被延迟到验证阶段才被考虑，而是在寻求最可爱的潜力说明时已经作为缺省理由被隐含地考虑在内了。黄翔把利普顿的IBE的结果表述为：如果假设H为真，那么H是对某现象A的最可爱的说明。H是否为真，则要延迟到验证过程来考察。但是，如果将缺省理由考虑在内，情况则完全不同了：“当没有理由怀疑一个可爱的潜力说明时，当以该说明为真。使用这个缺省理由，IBE的推理结果不再是一个与可靠性无关的可爱的假设，而是一个同说明的真假或可靠性相关的假设。这是因为，尽管当我们没有理由怀疑推理结果的真假时，其可靠性问题并没有被明晰地考虑到，而是隐含地以缺省状态被认可为真，但是，当我们有理由怀疑推理结果时，其结果的可靠性则明晰地需要验证。”①

这种对 IBE 的改进的确可以解决 IBE 的可靠性问题，但这种“缺省理由”的改进方法似乎有“特设性”之嫌疑。面对“特设性”的质疑，黄翔认为“缺省理由”是人们日常中一种基本的认识手段，他结合证言（test imony）的例子对这一基本认识手段进行了阐述。我们在听取证言的过程中，更多的是缺省地接受这些话，而不会对听到或读到的每一句话都去搜寻证据来为其辩护。这是因为这个世界合理的稳定性使我们能够以缺省的方式合理地并隐含地坚持这个信念，即当我们没有理由怀疑这个信念时，便以此信念为真。只有当我们有理由怀疑它们的时候，才会去寻找证据来辨别它们的真伪。

在笔者看来，可靠性涉及对“真”的定义问题。关于“真”的定义问题争议很多，“缺省理由”的方法显然是想绕开“真”的定义问题，但“当我们没有理由怀疑这个信念时，便以此信念为真”有些武断，因为不同的人对同一信念会持不同的态度，这种“缺省理由”的方法具有极大的或然性和随意性，用以解决 IBE 的可靠性问题十分令人疑惑。

我们对世界的认知是从可能性逐渐过渡到可靠性的，即便是目前可靠的知识，随着时间的推移以及我们认知水平的提高，在将来也未必是可靠的。最佳说明推理正好反映了我们认知的过程，在没有比这个更好的解释时，我们就用这个解释来说明现象。解释并不等于“真”，“真”也未必能够有解释力，“a＝a”是“真”，但这种“真”并不能解释现象。在我们对现象的解释中，重要的不是证明某个解释的可靠性，而是在对众多解释的比较中选择一个更好的解释来说明现象，如何确立一个较为实用的比较标准呢？按照 IBE，通过“检验各假说能否说明不断发现的事实—陪衬物对比结构来对备选假说不断排除，最终留下的那个具有最大潜在理解力的假说即是提供最可爱说明的假说”②。IBE 寻求最可爱的潜在说明，而贝叶斯负责完成由最可爱的潜在说明向最可能（或称最可靠）的说明的过渡。在笔者看来，黄翔的“缺省理由”其实就是指我们的背景知识，在我们选择最大潜在理解力的假说时，就不可避免地

① 黄翔．里普顿的最佳说明推理及其问题［J］．自然辩证法研究，2008，24，(7)：1—5．
② 侯旎，顿新国．利普顿最佳说明推理探析［J］．重庆理工大学学报（社会科学），2011，25(11)：31—35．

会使用背景知识，背景知识作为一种先验概率也渗透在由贝叶斯负责完成的由最可爱的潜在说明向最可能（或称最可靠）的说明的过渡中。

利普顿将 IBE 与贝叶斯相结合反映了我们在实践中如何认识世界、获得知识的过程。对于以下质疑，即认为 IBE 似乎退回到一个最佳假说推理，而不是最佳说明推理，笔者认为可尝试通过以下途径来避免，即将选择假说时的 IBE 称为狭义的 IBE，而包含狭义 IBE 和贝叶斯的 IBE 称为广义的 IBE。利普顿的 IBE 受质疑，正是因为他没有区分狭义的 IBE 和广义的 IBE。

狭义的 IBE 反映了我们如何选择假说，当某个假说作为最佳假说推理被选出来时，这个假说可以暂时被作为对现象的解释，因为在我们认识某一新奇现象的初期，暂时找不到比它更好的解释。这种情况下，我们对世界的认知诉求仅停留在满足于某解释说明了该现象而其他说明不能说明该现象的阶段，此时没有必要追问该解释的可靠性问题。但随着知识的积累，我们对世界的探究不仅限于此，我们需要探究之前的解释是否可靠，并尝试用可靠的解释来建立理论，从而预测和发现更多的新现象。在这种情况下，狭义的 IBE 已经满足不了我们日益增长的认知诉求，而贝叶斯理论能够较好地解决可靠性问题，但贝叶斯理论不能说明似然性的确定和先验概率的确定以及如何选择假说和证据，利普顿认为 IBE 与贝叶斯理论互补，由 IBE 说明似然性和先验概率以及选择假说和证据，由贝叶斯完成对狭义 IBE 的可靠性的确定。需要指出的是，利普顿所说的 IBE 是狭义的 IBE，应当承认这种情况下，狭义的 IBE 的确是一种最佳假说推理，它需要贝叶斯理论来帮助它完成对可靠性的确认，从而成为广义的 IBE。通过对狭义 IBE 的质疑，并不能动摇广义 IBE 的合理性地位。

第四节　哪些功能解释具有最佳解释推理的性质

在生物学实践中，并非所有的情况下都使用最佳解释推理。功能生物学中，用作为生物学作用的功能陈述以及作为负反馈的功能陈述来解释现象，实质上是用因果关系、“因果机制＋因果关系”或机制成立的条件来解释现象。进化生物学中，用作为生态适应的功能陈述来解释现象实质上是建立一种描述生态适应过程的模型，使得模型与现象具有一种同构关系，这种解释不属于最佳解释推理。

在进化生物学中，还有两种与生态学适应解释不同的解释，即生物学优势解释与选择解释，一般侧重于比较研究的生物学家会使用生物学优势解释，用于解释为什么生物出现此种性状而不是其他性状。通常判定某特征具有生物学优势是看拥有这个特征的有机体比缺少这个特征的类似有机体有更好的生存机会，但实际上缺少这个特征的类似有机体是不存在的，这种虚拟的比较其实质是用已存在的结果来解释现象。侧重于研究进化史的生物学家则使用选择解释，来阐明选择史如何影响现存特征。无论是用“更好的生存机会”还是“选择史”来解释现象，都是用结果来解释现象，在没有更好解释的前提下，都可视作最佳解释推理。

研究高等动物行为心理的生物学则通过实验、观察等来确立高等动物的行为与心理之间的关系，所以以此为研究目的的生物学家用作为意向性的功能陈述来解释高等动物的行为，这种解释属于最佳解释推理。例如问“为什么黑猩猩将树枝插入土堆”，可以通过观察这一行为所带来的结果如取食白蚁来回答，即“树枝有取食白蚁的功能”。在这一解释过程中，研究者是通过观察行为所带来的结果从而假设“树枝有取食白蚁的功能”来完成解释的。当然，同时也可能提出其他假设，如“树枝好玩”，然而这种假设不能回答“为什么黑猩猩将树枝插入土堆而不是雪堆”的问题，而“树枝有取食白蚁的功能”的假设则能回答此问题，即因为土堆有白蚁，而雪堆没有白蚁。“树枝有取食白蚁的功能”能解释事实—陪衬物“黑猩猩并未将树枝插入雪堆”，而“树枝好玩”则不能解释该事实—陪衬物，所以在没有另一个比“树枝有取食白蚁的功能”这个假设更好的情况下，该假设就被作为“为什么黑猩猩将树枝插入土堆”的最佳解释推理。

由于研究领域不同，可以有多种解释类型。演绎—律则解释模型适合于解释具有普遍定律的物理—化学领域的现象，而最佳解释推理则适合于解释不具有普遍规律的生物学领域的现象。如果能够找出原因与结果的一对一的关系，不需要最佳解释推理；如果原因与结果出现多重实现关系，则需要在这些不对称的关系中选择一个作为最佳解释推理。漂变（如基因突变）和环境压力（生存的环境受到工业污染）都可能导致白色桦尺蛾的体色发生改变，这就需要对已发生体色改变的白色桦尺蛾群体进行考察和分析，从中选择一个成为最佳解释推理。最佳解释推理并不排斥其他解释的可能，这些解释类型之间应当是互补的关系，共同构成我们对世界的认识。

第五章　功能解释的还原问题

“当我们引用一个器官（如心脏）的功能来解释它的出现或它的独特结构时，我们就给出了一个功能解释”[①]，生物学因常常使用功能解释而被认为独立于物理—化学，功能解释是否能够还原为规则解释呢？如果能够不损失内容地将功能解释还原为规则解释，那么功能解释就没有存在的必要，从而生物学的自主性也遭受质疑。这一章以内格尔与阿耶拉关于目的论解释是否能够不损失内容地还原为非目的论的争论为切入点，分析二人各自的缺陷，认为并非所有的功能解释都是目的论解释，包含目的论的功能解释因其预设目的，不能还原为规则解释；不包含目的论的功能解释也不能还原为规则解释，原因在于：第一，功能解释与这样的方式相关：一个生命系统的不同性状在功能上相互依赖。功能依赖关系不是因果的，而是对什么生存的约束。第二，功能解释与规则解释所回答问题的内容不同，功能解释不能毫无遗漏地被还原为规则解释。

第一节　内格尔与阿耶拉之争

“某性状具有功能 F”与“某性状起到了 F 的作用”是相互区别的。前者通常意味着某种结构被设计出来的目的，后者则意味着 F 与设计目的没有必然联系。例如，一只杯子被设计出来是作为饮水的器具用的，但它可以被当成压纸的工具、一件艺术品、蝴蝶的标本瓶，等等。用来饮水是杯子的功能，其他则不是功能。“功能”与“作用”如何区

---

① Schiefsky，Mark Jone. Galen's Teleology and Functional Explanation [J]. Oxford Studies in Ancient Philosophy，2007，33：369.

分呢？一般认为“功能”与设计、目的相关，作用则与设计、目的无必然关系，故而功能语言也称为目的论语言。在生物学中使用功能语言去解释一些现象，也称功能解释或目的论解释，这让人感觉到功能解释因其具有目的性而有某种神秘色彩，是科学的返魅。在生物学中，这种目的论解释是否具有合理性呢？对这一问题的争论很多。其中，内格尔主张目的论解释可以被翻译为 D—N 解释，但他对目的和功能等概念的定义是不恰当的，并且它所用的 D—N 解释本身也是有局限性的，因而他对目的论解释进行的还原也存在问题。阿耶拉主张目的论解释在生物学中具有自主性，试图通过限定目的论解释的适用范围来对目的论解释的自主性进行辩护，但阿耶拉的这种辩护也存在问题：一方面，他对生物学的理解大多停留在进化生物学的层面，这致使他对目的论解释适用范围的划分出现了问题；另一方面，他忽视了某些语境下目的论陈述并不增加解释力的情况。内格尔和阿耶拉都没能给出生物学中关于目的论解释是否具有合理性的问题一个较为满意的解答，原因在于二人都没有认识到生物学中有不同类型的功能解释。

一、内格尔对目的论解释的还原及其问题

当我们问及“为什么有心脏”“为什么鸟会长翅膀”之类的问题时，生物学家们可能会回答“心脏的功能是为了搏血”“鸟长翅膀是为了飞”，这些回答使用了目的论语言“是为了……”，这种语言有没有存在的必要呢？或者说能不能用其他语言不丢失内容地把这种目的论语言替换掉呢？这个问题引起了许多科学哲学家的争论，以内格尔为代表的一批学者认为是可以不损失内容地对目的论语言进行替换的，并提出了用 D—N 解释来代替目的论解释。本小节分析内格尔在替换中出现的问题：用统一模型解释所有现象、忽视语境对科学解释的重要性、对生物学中“功能”一词的片面理解等，并认为他的替换是不成功的，故而内格尔对目的论解释的消解也是不成功的。

（一）内格尔对目的论语言的理解

目的论是一个古老的哲学论题，亚里士多德曾说：“若有一事物发生连续的运动，并且有一个终结的话，那么这个终结就是‘目的’或‘为了什么’……在自然产生和自然存在的事物中也是有目的因的……

在自然过程里，如果没有障碍的话，总是一定或通常会达到目的的……显然，自然是一种原因，并且就是目的因。”[①] 亚里士多德之所以坚持目的论原则，是因为他不满机械决定论，他认为事物的内在原则就是事物目的和实现目的的手段。康德也发现单纯的机械论解释在有机领域不够用，他认为当一种因果关系不属于自然的机械作用时，事物的原因就只能是目的。从 20 世纪 40 年代起，目的论又成为科学哲学的一个热门话题，尤其在生物学哲学领域，几乎所有的生物学哲学家都会谈到这个问题，那么生物学中的目的论解释到底是什么？从亨普尔给出经典的解释理论——D－N 解释后，这个问题就进入了正统科学哲学的研究范围。20 世纪 50 年代初到 70 年代中期，科学哲学关于目的论语言研究以讨论目的论解释的一般形式为主，使用来自不同学科领域的零散事例，期望在语形学的层面直接回答目的论语言的合理性和必要性问题。20 世纪 70 年代中期以后，科学哲学关于目的论解释的研究多以生物学为背景，注意到了“目的性”（或“功能”）一词的多义性，更注重对其进行语义学的分析。

内格尔在《科学的结构》一书中对目的论陈述与非目的论陈述作了如下区分：他将指代一个手段—目的的联系的表达式的出现作为生物学中目的论陈述的标志，如“……的功能”“……的目的”“为了……起见”“为了……”此类表达式。运用这些表达式的陈述就是目的论陈述，否则就是非目的论陈述。他在《再论目的论》中对目的论陈述进行了细分，把目的论陈述分为目标归因（goal ascriptions）和功能归因（function ascriptions）两种。目标归因陈述某个结果、一个有机体的或有机体的部分的某些活动受指引的目标倾向，比如（1）啄木鸟啄树是为了找到昆虫的幼虫，（2）动物的肾上腺交感神经器官活动的目的与胰腺的某些细胞一样是为了让血糖集中在相对小的范围内；功能归因陈述在有机体中一个给定项目或给定项目活动的作用是什么，比如（3）一个脊椎动物的心脏膜瓣的功能是给血液循环指出方向。

为了更明确地区分这两种目的论陈述，内格尔还分别指出了各自的特征。

① 亚里士多德. 亚里士多德全集：第二卷［M］. 北京：中国人民大学出版社，2016：36－52.

目标归因（也可称为目标导向过程）特征有三个：第一，可塑性(plasticity)。这个过程的目标通过系统从不同的初始状态中选择途径或开始来达到。第二，持续性（persistence)。目标导向行为中系统的连续性的维持可通过在系统中出现的补偿来达到，这种补偿是针对一些发生在系统内部或外部的干扰，这种干扰若无那种补偿变化就会阻碍目标的实现。第三，状态变量间的相互独立性。内格尔的关于可塑性和持续性的特征继承了布瑞斯维特（Braithwaite）的“可塑系统（plastic system)”①，并在此基础上增加了独立变量的特征。

功能归因中最重要的一点就是对“功能”的理解，功能归因的特征主要在于“功能”与“作用”的区别。内格尔是这样来理解“功能”的：“系统 s 和环境 E 中，i 的功能是 F，预设了 s 是目标导向，是为了目标 G，是为了有利于 F 的实现或维持。”②

（二）内格尔对目的论陈述的消解

内格尔认为非目的论陈述能不损失任何内容地对目的论陈述进行替换。他将生物学中目的论陈述与非目的论陈述的关系描述为：“一个目的论说明所蕴含的东西，的确比在表面上与之等价的非目的论翻译所蕴含的东西要多。因为前者预设——而后者通常并不预设——在说明中所考虑的系统是定向组织的。”③ 而多出的这个预设内格尔认为也是可以通过非目的论语言来表示的。他认为所谓的“目标导向”系统或目的论系统的明显特征，是由对一个定向组织系统所规定的条件系统地阐述的。这其实可以理解为，内格尔可以借助一系列的条件关系来对多出的“目标导向”这个预设进行描述。

总的来说，内格尔对目的论陈述的消解是借助于一个统一的 D－N 模型，通过这个模型内格尔将目的论陈述还原为一些条件关系，并认为在还原为条件关系的过程中并不丢失任何内容。

内格尔使用的这种还原模型是亨普尔的D－N模型：

---

① Lowell Nissen. Teleological Language in the Life Sciences [M]. New York: Rowan&Littlefield Publishers, INC. 1997: 5-9.

② Ernest Nagel. Teleology Revisited and other Essays in the Philosophy and History of Science [M]. New York: Columbia University Press, 1979: 312.

③ 内格尔. 科学的结构 [M]. 徐向东，译. 上海：上海译文出版社，2002：504.

$$\text{(D－N)}\quad \left.\begin{array}{l} L_1,\ L_2,\ \cdots,\ L_r \\ C_1,\ C_2,\ \cdots,\ C_k \end{array}\right\}\text{解释语句}$$

$$\overline{\qquad\qquad\qquad\qquad}$$

$$E \qquad\qquad \text{被解释语句}$$ [①]

前提即解释项由普遍定律 L_1，L_2，…，L_r 以及其他断言特定事实的陈述句 C_1，C_2，…，C_k 所构成。内格尔在这里用到的普遍定律就是那些作为解释假定的原因规则，然后再引入一些特定事实，即构成对定向组织化的还原。

例如：假定人体有肾上腺，这种肾上腺影响人身体的代谢率；在身体出汗的情况下，汗液被蒸发；这些活动使得人体血液温度产生变化。这些假定就是原因规则。也可把它转换成如下格式：

（a）人体有肾上腺，这种肾上腺影响人身体的代谢率；

（b）在这个人身体出汗的情况下，此人的汗液被蒸发；

（c）假定人体有肾上腺，这种肾上腺影响人身体的代谢率；在身体出汗的情况下，汗液被蒸发；这些活动使得人体血液温度产生变化。

（d）因此，这个人的血液温度产生变化。

（a）（b）是特定事实，（c）是普遍规律，（a）（b）（c）一起构成解释语句，（d）是被解释的现象。

通过使用 D－N 模型，内格尔分别对目标导向陈述和功能归因陈述这两方面进行消解。

一方面，通过建构一个子物理模型，内格尔将“目标导向（或定向组织）”这个预设还原为一系列的条件关系，其步骤概括如下：

令：S 表示某个系统；E 表示系统的外部环境；

G：表示 S 在合适条件下具有的某个状态、性质或行为方式；

Ax、By、Cz 表示状态参数；如某时刻，S 的状态表示为（AxByCz）；

KA、KB、KC 分别是 Ax、By、Cz 这三个状态参数的变化范围。

当 S 满足下列条件时，S 是一个目标导向系统：

1）S 可以分析为若干部分或过程的一个结构，它们的某一成员的活动与 G 的出现因果相关，为了简便起见，假设 S 可分析为 A、B、C

① 亨普尔. 自然科学的哲学［M］. 北京：中国人民大学出版社，2006：79.

三个部分，A、B、C的活动与G的出现因果相关；S的状态可表示为（AxByCz）的模式：Ax、By、Cz这些状态变量彼此独立，它们的变化范围分别为KA、KB、KC。

2）假如S在初始时刻t_0，系统S处于G状态（$A_0B_0C_0$），则单独改变A_0为A_1，就会使S偏离G状态，这就是初始“变异”。

3）初始“变异”时，其他变量也改变，这时将其他变量的改变视为在$K'BC$中取一对值B_1C_1。若无初始“变异”，而只有其他变量的改变，即使S进入（$A_0B_0C_0$）状态，S也会偏离G状态。

4）为了使S保持G状态，对初始“变异”来说，S必须有一个适应性变化，使S达到（$A_1B_1C_1$）状态。

5）当S在时间T满足这些假定，S的部分与G状态因果相关就被说成是在T时针对G的定向组织化。[①]

这个模型主要是对目的论陈述中“系统是定向组织”这个预设的一种还原，即它还原成一系列的条件关系。这些条件关系就相当于模型中的普遍定律。

另一方面，对于功能归因：“在一个给定时期t且在环境E中，系统s中项目i的功能是使系统能运行F”来说，它的解释假定（原因规则）是：

i）在一个时期，系统s是在环境E中的

ii）在一个时期，一定环境中，系统s运行F

iii）若在给定时期t，系统s在环境E中，若s运行F，则i存在于s中。

对于iii）内格尔自己也提出质疑：F的出现并不是i出现的先决条件，所以它不是原因规则。内格尔在这里也对自己的功能解释模型中所需要的原因规则不太满意，但没有提出解决方案。

例如：植物中叶绿素的功能是使植物能够进行光合作用（亦即在阳光下从二氧化碳和水中形成淀粉）。

（1）在一定的时期，一植物被提供水、二氧化碳和阳光；

（2）在那个时期且在被提供水、二氧化碳和阳光的情况下，植物表

---

① 内格尔. 科学的结构［M］. 上海：上海译文出版社，2002：496－497.

现出光合作用；

（3）如果在一定的时期，一植物被提供水、二氧化碳和阳光，那么若这种植物表现出光合作用，则这种植物包含叶绿素。

（3）可以作为普遍规律吗？显然不能。因为光合作用并不是叶绿素出现的先决条件。二者之间没有必然关系。比如，一些菌类不含叶绿素，它也一样进行光合作用。这一点内格尔已经指出来了，但他并没有彻底解决这个问题。

（三）内格尔对目的论陈述消解的困难

1. 目标导向还原的缺陷

内格尔在前面提出的那个目标导向系统的模型其实是为了通过说明系统S的部分与G状态因果相关而来解释“定向组织化”，从而用非目的论语言来替换目的论语言。他使用的这种还原模式是亨普尔的D—N模型。

从这一例子来看，内格尔似乎已经成功地用D—N模型解释替代了目的论解释，必须承认D—N模型解释的确具备一定的解释力，可以解释一些类似于这个例子的事实，但它是否适用于其他生物学事实的解释呢？内格尔在对功能归因进行消解时所使用的例子中出现的问题就明确地说明了D—N模型的解释力的局限性。究其局限性的根源在于内格尔将科学解释放在一个闭合的逻辑系统中，而忽视了语境的重要性。如问“为什么植物中有叶绿素”，提问者可能是想问“叶绿素在绿色植物中有什么作用”，此时内格尔可以用D—N模型来解释，把论域限定在绿色植物中，从而替换掉功能陈述。但是，如果提问者是想问“为什么有些植物中有叶绿素，另一些植物中没有叶绿素”，那么，我们可能要比较含叶绿素的植物与不含叶绿素的植物的生长机制，此时内格尔的D—N模型解释回答不了提问者的问题。

到底有没有一种方案可以实现内格尔所谓的非目的论解释的还原呢？这个问题需要作深入且严谨的推论才能回答，但至少有一点可以很明了，那就是内格尔用D—N模型来实现对目的论解释的非目的论解释还原是有问题的。此外，D—N模型解释本身就存在缺陷，我们可以通过分析D—N模型解释的恰当性标准来认识这种缺陷。第一，待解释的语句必须是解释句的逻辑有效的结果；第二，解释句必须包含至少一条普遍规律，这样才能保证演绎推导的完成；第三，解释句必须要有经验内容，这样才能保证解释的可检验性；第四，这些解释句必须是真的。这些恰当性标准会遇到学者们指出的许多困难：

首先，科学解释的恰当性条件是不充分的。例如最常用的反例：由光直线传播定律、三角形的边角关系定理和旗杆的影子长度推出旗杆的高度。该论证就不是解释。

其次，科学解释的恰当性条件是不必要的。许多解释不符合这些条件。例如，墨水瓶翻倒，污染了书本。再如，英国为什么介入第一次世界大战？比利时不再保持中立是起因。这里没有规律。

最后，无法排除不相关的解释因素。萨尔蒙（W. Salmon）提出过这样的反例：男人服用避孕药期间不怀孕，是一个规律。布朗先生此期间一直服用避孕药，所以没有怀孕。这个解释符合恰当性条件，但不是一个好的解释，因为服用避孕药物不是一个相关的因素。

2. 未明确区分不同的目的论陈述

内格尔认为目的论陈述不只有单一的一种，他将其分为目标归因陈述和功能归因陈述。这种区分看到了目标陈述的多样性，但他却没能将这两种不同的目的论陈述很好地区分开来。他所提出的区分方法是：目标归因陈述某个结果、一个有机体的或有机体的部分的某些活动受指引的目标倾向。如，啄木鸟啄树是为了找到昆虫的幼虫；与胰腺的某些细胞一样，动物的肾上腺交感神经器官活动的目的是让血糖集中在相对小的范围内。功能归因陈述在有机体中一个给定项目或给定项目活动的作用是什么。如，一个脊椎动物的心脏膜瓣的功能是给血液循环指出方向。仔细分析一下这种区分会发现，这种区分只是表达上有不同。我们也可以这样来互换他所举的例子的表达：与胰腺的某些细胞一样，动物的肾上腺交感神经器官活动的功能是让血糖集中在相对小的范围内；一个脊椎动物的心脏膜瓣的目的是给血液循环指出方向。这种互换后的陈述与互换前的陈述都是表达这样两个事实：与胰腺的某些细胞一样，动物的肾上腺交感神经器官让血糖集中在相对小的范围内（调节血糖）；一个脊椎动物的心脏膜瓣能给血液循环指出方向（防止血液倒流）。这种互换并没有本质上的区别，只是表达习惯的不同而已。

那是不是可以对目标归因陈述和功能归因陈述给出一个较为明确的

区分呢？可以从这样的角度来考虑："目标归因陈述主要针对有机体的行为，而功能归因主要针对有机体的结构。目标归因陈述解释了从行为的主体的初态到终态的展开过程，针对的是一个作为整体的系统；功能归因陈述解释了不同功能载体或（结构）之间的关系，针对的是作为一个系统组成部分的结构成分。"[①] 目标归因陈述是相对于一个有机体的整体来说的，而功能归因陈述是相对于有机体整体的组成部分而言的。如啄木鸟啄树这个事实，我们可以对它的行为——啄树的结果来提问，这时的回答就可以用目标归因陈述来说明这种行为的结果是找到昆虫的幼虫；我们也可以对它的结构——用来啄树的喙来提问，这时的回答就从功能归因陈述来说明细长尖锐而坚硬的喙这种结构有利于啄木鸟啄树干取食幼虫。对于不同的提问侧重点，有不同的目的论解释。

3. 对"功能"的理解有误

内格尔是这样来理解"功能"的，即"在系统 s 和环境 E 中，i 的功能是 F，预设了 s 是目标导向，是为了目标 G，是为了有利于 F 的实现或维持"[②]。内格尔对功能的这种理解会遇到附带功能的问题。心脏有搏血的功能，心脏也有产生心音的功能，搏血有利于维持人体机能的正常运行，而心音在某种情况下也能有利于维持人体机能的正常运行，如医生可以通过监听心音来推断人的身体状况，这有利于医生作出诊断，早日发现有心脏病发的病人，这对心脏病人来说也有利于他的机体的维持。内格尔不能对这种情况作出区分。

其实关于"功能"这个问题引起过很多学者的讨论，这些学者试图给出一个定义来说明"功能"。贝克勒尔（Morton Beckner）于 1969 年在《功能和目的论》一文中对功能的理解是通过构造概念图式来进行说明的，符合这个概念图式的就是功能，他极力想把功能与普通的作用以及一些偶然性的问题区分开，可是最终他还是没有成功排除一些偶然性的问题。怀特（Larry Wright）于 1973 年在《功能》一文中为了克服这些困难给出了自己的分析，"X 的功能是 Z"意味着："(a) X 在这儿因为 X 运行 Z；(b) Z 是 X 在这儿的一个结果（或原因）。第一个要求

---

① 董国安．生物学中的目的论与赝功能解释［J］．哈尔滨师专学报，1999（3）：22-27.

② Ernest Nagel. Teleology Revisited and other Essays in the Philosophy and History of Science［M］. New York：Columbia University Press，1979：312.

是为了避免偶然情况，如纽扣挡子弹虽是有用的，但是不能解释纽扣的存在，故而不是纽扣的功能。”[①] 第二个要求区别了这种情况：产生能量是氧在血液中的一个结果，而氧与红细胞结合也是氧在血液中的一个结果，但后者就不能用作解释。这种定义也有人对其提出反例，如波尔斯（Boorse，C）于1975年指出，“气体泄漏是因为管道工在维修管道漏洞时被泄漏的气体毒死了”，“管道工在维修管道漏洞时被泄漏的气体毒死了是气体泄漏的一个原因”。[②] 这符合怀特的功能定义，但我们通常不会说泄漏的气体的功能是为了毒死维修管道漏洞时的管道工。肯菲尔德（John V. Canfield）1990年在《生物学中的功能概念》一文中这样来定义功能：“I（在系统S中）的一个功能是为了运行C；当且仅当：I运行C；且若在S类系统中C不被运行，则S的生存或拥有后代的可能性要小于C被运行时S的生存或拥有后代的可能性。”[③] 心脏产生心音符合这个功能定义，但是心音能作为心脏的一个功能吗？如果心音能作为心脏的一个功能，那就意味着附带的作用都能作为功能，那么也就没有必要来定义功能的概念了。可见，这种定义也存在缺陷。乌特尔斯（Aruo Wouters）2005年在《哲学中的功能争论》一文中对功能的定义问题转换了视角，他认为功能的定义问题是一个“功能应该是什么的问题”，对于功能的定义主要在于肃清一些不合适的功能，而这种肃清又基于一些直觉（intuitions），他列出了15种直觉，违反这些直觉的都是不合适的功能。他认为对理解生物学来说，生物学家寻求功能的主要原因是想知道项目或行为如何被使用而不是想知道偶然引起的某项目或行为的作用。比如，心脏的功能是搏血，生物学家寻求心脏的功能主要是想知道心脏如何运行，而不是主要想知道心脏产生的这种心音的作用。此外，狄凡斯（Craigs Defancey）2006年在《本体论与目的论化功能》一文中将功能分为两类：一类是代内功能（intra-generational functions），另一类是跨代功能（cross-generational functions）。代内功能是相对于个体而言的，这种功能是对个体内部结构及其结构与表现出

① Larry Wright. Functions [J]. Philosophical Review，1973 (82)：139－168.

② Boorse，C. On the Distinction Between Disease and Illness [J]. Philosophy and Public Affairs，1975 (5)：49－68.

③ John V. Canfield. The Concept of Function in Biology [J]. Philosophical Topics，1990 (18)：29－53.

的特性的关系的描述；跨代功能是相对于群体而言的，不仅个体中具有这种功能，而且在与个体同类的其他个体中也具有这种功能，这种功能可通过描述复杂系统、描述系统中的组织结构以及组织结构的活动和这些活动怎样形成相互关联的网络来得到说明。克若霍斯（Ulrich Krohs）2007年在《作为一般性的设计的概念基础的功能》一文中将功能的使用局限在描述人工物上，将功能定义为："∮是一个复杂实体S的一个组成部分X的一个预期的功能，且这个实体S有设计D；当且仅当：X在D中过去是固定类型是因为设计者假定在S中X对应于∮。"[①]

关于"功能"一词的定义争论很多，目前尚无统一的定义，内格尔对"功能"的理解有些片面，并且会遇到困难和反例，这样一来，他对"功能归因"的消解显然存在问题。

内格尔一直努力用一种统一的模型来解释所有的现象，但是这种统一的模型是不是存在？有没有存在的必要呢？这些问题值得我们深入研究。

生物学中涉及的问题很多是个体与群体的问题，对群体来说找出一种统一的模型很重要，可是对个体来说，更多呈现的是一种突变的性质，这种突变的发生往往就是个体的独特性所在，如果硬要建构一种统一的模型来解释所有的个体（暂不说可不可能的问题），势必会抹杀这种独特性。

总之，内格尔在对目的论解释进行非目的论解释的还原中有诸多缺陷：他所使用的还原模型本身存在严重问题，未明确区分不同的目的论陈述，以及对"功能"的理解有偏差。这些缺陷不得不让我们对内格尔所坚持的能不丧失所论断的内容地将生物学中目的论陈述用非目的论陈述来重新表述的观点产生质疑，但是缺陷并不代表否定全部，我们可试着从多角度来考虑有关目的论解释的问题。内格尔的目的论解释中有着一定的合理性，对这部分存有一定合理性的解释来说，我们可以找出这种合理性所适用的范围，在这个适用范围内，目的论解释不增加任何解释力，而对适用范围以外的领域来说，目的论解释或许有存在的必要，

① Ulrich Krohs. Functions as Based on a Concept of General Design [J]. Synthese, 2009 (166): 69-89.

但比考虑必要性更重要的问题是如何确定“适用范围”的问题。

二、阿耶拉对目的论解释的捍卫及其问题

与内格尔不同，阿耶拉认为目的论解释是不能被还原为非目的论解释的，他给出了目的论解释的三个不可还原的内涵，并限定了目的论解释的适用范围，认为像内格尔能使用D−N模型进行解释的那些并不是真正的目的论解释。但是阿耶拉对目的论解释的适用范围的划分还是出现了问题，这影响到他以此来确立目的论解释的合理性。本小节介绍阿耶拉的目的论解释，考察阿耶拉在确立目的论解释的合理性地位中出现的问题，尝试分析目的论语言在不同语境下的解释力，以此来确立生物学中目的论解释的合理性地位。

（一）阿耶拉的目的论解释

阿耶拉主张生物学中的目的论解释是不能在不损失任何内容的情况下被其他解释所替换的，他给出了目的论解释的三个不可还原的内涵：

1. 定向组织

阿耶拉认为目的论解释所包含的内容比非目的论解释所包含的内容多：

（1）“目的论解释暗示讨论的系统是定向组织的。”[①] 比如用“鱼鳃的功能是呼吸”来说明“为什么鱼有腮”，前者就是对后者的目的论解释，而在这个解释中其实早就预设了系统——“鱼”是一个定向组织的。

（2）“目的论解释说明特定功能的存在和定向组织的存在。”[②] 如目的论解释说明某一有机体特征的存在（说有腮）是因为这一特征有贡献于表现和维持某一功能（呼吸）。此外，目的论解释还暗示功能的存在是因为它有利于有机体的繁殖适合度。但是，像内格尔那种用D−N模型来替换目的论解释的主要前提是“鱼呼吸”，而这种解释说明不了呼吸的存在。

---

① Francisco J. Ayala. The Autonomy of Biology as a Natural Science [C]. Biology, History, and Natural Philosophy, ed. Breck and Yourgrau. New York: Plenum Press, 1972: 13.

② Francisco J. Ayala. The Autonomy of Biology as a Natural Science [C]. Biology, History, and Natural Philosophy, ed. Breck and Yourgrau. New York: Plenum Press, 1972: 13.

（3）“目的论解释给出了系统是定向组织的原因，有机体的目的性表现的存在是自然选择过程的结果。自然选择提升任何增加有机体的繁殖适合度的系统的发展。”①

2．对目的论语言的理解

阿耶拉是这样来理解目的论解释的：“目的论解释说明系统中某一特征的存在，这种说明是通过陈述那个特征对于系统的一个特定属性或状态有贡献来完成的。目的论解释要求那个特征或行为对于系统的某一状态或属性的存在和维持有贡献。此外，这个概念的暗示：该贡献最终必须是那种特征或行为为什么存在的理由。”②

与之不同，内格尔把目的论语言分为两大类，即目标归因（goal ascriptions）和功能归因（function ascriptions）两种。目标归因陈述某个结果或一个有机体的或有机体的部分的某些活动受指引的目标倾向，功能归因陈述在有机体中一个给定项目或给定项目活动的作用是什么。内格尔对“功能”的理解是：“系统 s 和环境 E 中，i 的功能是 F，预设了 s 是目标导向，是为了目标 G，是为了有利于 F 的实现或维持。”③

阿耶拉在这里强调的是“有贡献”，这种“有贡献”不同于内格尔等人所说的“有利于”。阿耶拉的“有贡献”强调了要互为因果，而内格尔的“有利于”只是一种充分条件。氯化钠分子结构有利于人品尝盐这个属性，故而把它用于食物；反之则不然，把氯化钠用于食物不是为什么它有这种分子结构或咸味的原因。地球绕太阳运动是为什么有四季的原因，四季的存在却不是地球绕太阳运动的原因。心脏的存在是通过陈述心脏对搏血有贡献来加以说明的，这种贡献一定是心脏为什么存在的原因。

此外，阿耶拉并不是像内格尔那样将目的论语言分为两大类——目标归因与功能归因；而是从外在目的论与内在目的论的区分上对目的论语言的使用范围作出了限制，给出了三种适用情况：第一，结果或目标

---

① Francisco J. Ayala. The Autonomy of Biology as a Natural Science [C]. Biology, History, and Natural Philosophy, ed. Breck and Yourgrau. New York: Plenum Press, 1972: 13.

② Francisco J. Ayala. Teleological Explanations in Evolutionary Biology [J]. Philosophy of Science, 1970, 37 (1): 8.

③ Ernest Nagel. Teleology Revisited and other Essays in the Philosophy and History of Science [M]. New York: Columbia University Press, 1979: 312.

是被主体有意识预期的。如在张三买一张机票去北京的情况下张三的行为是带目的论的。但是，不需要解释有机体的存在和作为创造者有意识行为的原因的适应性。生命世界里是有有目的的行为的，但生命世界的存在不需要被解释正如有目的行为的原因不需要解释一样。第二，自组织或目的论系统，即在存在一个机制的情况下，尽管有环境的干扰这个机制仍使系统达到或维持一个特定性质。第三，解剖学结构和生理结构表现某一功能，如人手用来抓东西。第一种情况用目的论语言是显而易见的，只不过这种目的论语言是一种外在的目的论；而第二种情况和第三种情况是一种内在的目的论，这种内在的目的论语言及其合理性才是我们要讨论的对象。阿耶拉将内在目的论与外在目的论区分开来，避免了内格尔从目标归因与功能归因的角度划分目的论种类而出现的划界标准的含混性。

3. 目的论解释与因果解释的关系

内格尔曾认为目的论解释与因果解释完全一致，但阿耶拉认为这些因果解释对于提供合适的目的论解释来说不必要。生物学家回答关于有机体特征的问题，如“为了什么”的问题，这个问题也就是“这样一个结构或一个过程的功能或作用是什么”。这个问题的回答必须被目的论地清楚而确切地表达出来。用一系列的因果关系可以说明眼睛如何张开，但它告诉不了我们所有有关眼睛的事情，如眼睛张开服务于看。此外，进化生物学家对为什么一种特定基因被选择而不是其他基因被选择这个问题感兴趣，这个问题的回答要求目的论解释：“眼睛的产生是因为它服务于看，看增加特定环境下某有机体的繁殖成功。”从这个方面来看，因果解释不能完全替代目的论解释。

（二）阿耶拉对目的论解释适用范围的划分及缺陷

阿耶拉认为在以下三种情况下使用目的论语言是合理的：“（1）结果或目标是被主体有意识预期的……（2）自组织或目的论系统，即在存在一个机制的情况下，尽管有环境的干扰这个机制仍使系统达到或维持一个特定性质……（3）解剖学结构和生理结构表现某一功能。”①

① Francisco J. Ayala. Teleological Explanations in Evolutionary Biology [J]. Philosophy of Science，1970，37 (1)：9.

(1) 是一种外在的目的论，是有行为主体的，并且这个行为主体是人或其他有意识的动物。(2) 和 (3) 是一种内在的目的论，内在目的论系统是通过一个严格机制过程的自然选择来阐明的。有机体是显示内在目的论那一类系统。阿耶拉认为内在目的论也称自然目的论，这种自然目的论也分为两种情况：决定性的（或必要的）与非决定性的（或一般的）。有机体的自控过程是决定性目的论的例子。这种有机体的自控过程又分两种：一种是生理性的自控过程，即尽管有环境的干扰，这种过程仍使有机体维持某一生理稳定，如肾对血盐的调节；另一种是发展性的自控过程，即有机体按某程序由受精卵变为成熟的个体的不同途径的调节。

阿耶拉对目的论语言的使用范围作了限定，并认为在限定范围内目的论解释是必要的，但他对目的论解释必要性的辩护却存在以下问题：

第一，在有机体的自控过程中生理性的自控过程是可以用其他解释的，比如内格尔提出的D—N模型（将这种生理性自控过程看成是普遍规律和一系列的因果相关条件），在这个问题上阿耶拉的目的论解释并不增加任何解释内容。以肾对血盐的调节为例：正常成年人每天滤过肾小球的水、Na^{+}和K^{+}等有99%以上被肾小管和集合管重吸收。肾小管和集合管对水的重吸收，是随着体内水的出入情况而变化的。当人饮水不足、体内失水过多或吃的食物过咸时，都会引起细胞外液渗透压升高，使下丘脑中的渗透压感受器受到刺激。这时，下丘脑中的渗透压感受器一方面产生兴奋并传至大脑皮层，通过产生渴觉来直接调节水的摄入量；另一方面使由下丘脑神经细胞分泌并由垂体后叶释放的抗利尿激素增加，从而促进了肾小管和集合管对水分的重吸收，减少了尿的排出，保留了体内的水分，使细胞外液的渗透压趋向于恢复正常。相反，当人因饮水过多或是盐分丢失过多而使细胞外液的渗透压下降时，就会减少对下丘脑中的渗透压感受器的刺激，也就减少了抗利尿激素的分泌和释放，肾脏排出的水分就会增加，从而使细胞外液的渗透压恢复正常。当血钾含量升高或血钠含量降低时，可以直接刺激肾上腺皮质，使醛固酮（一种盐皮质激素）的分泌量增加，从而促进肾小管和集合管对Na^{+}的重吸收和K^{+}的分泌，维持血钾和血钠含量的平衡。相反，当血钾含量降低或血钠含量升高时，则使醛固酮的分泌量减少，其结果也是维持血钾和血钠含量的平衡。由此可见，人体内水和无机盐的平衡，是在神经调节和激素调节的共同作用下，主要通过肾脏来完成的。例子清楚地说明了肾对血盐的调节这种生理性自控过程，这个说明是无数的科学家经过不断的研究而找到的规律性的解释，这种解释比目的论解释更清楚、更明白。

第二，阿耶拉在对目的论解释的整个论述中将目的论解释的很大一部分适用范围放在生物学的意义上，但遗憾的是他对生物学的理解也失之偏颇。阿耶拉对生物学的理解大多停留在进化生物学的层面，但其实对生物学的研究还有另一个层面——功能生物学，功能生物学中会运用许多物理—化学知识来帮助解决一个有机体是"怎么样"的问题，阿耶拉虽然也提到了"解剖学结构和生理结构表现某一功能"[①]，但这种功能是一种"目的性"，而"有机体的目的性表现的存在是自然选择过程的结果"[②]。阿耶拉认为功能生物学的终极原因最终要靠进化生物学来解释，他夸大了进化生物学对现象的解释力，而忽略了功能生物学的解释作用。

第三，阿耶拉认为内在的目的论系统的解释是通过自然选择作用机制而被阐明的，但自然选择机制是通过适合度来表现的，这不可避免地要对适合度概念进行考察，并需要对具体问题所涉及的适合度进行经验检验。然而，阿耶拉并未对适合度的概念进行说明。本书第三章已讨论过，进化生物学中关于适合度的定义有这样三条进路：第一条进路是生态学定义，将适合度定义为性状与环境的关系。"当适合度被定义为生物与环境的关系（生态学的适合度）并运用工程分析的方法来估计适合度值时，无论适合度差异被用于解释种群遗传构成的变化，还是解释一类个体（基因型、表现型）的存在，都不会出现循环定义或者解释的同义反复问题。"[③] 第二条进路是群体遗传学定义，将适合度作为一种类型的统计结果。根据统计规律预见未来种群遗传构成的变化或解释现在种群遗传构成，不会出现同义反复问题。但是，如果解释一类个体的实际

① Francisco J. Ayala. Teleological Explanations in Evolutionary Biology [J]. Philosophy of Science，1970，37 (1)：9.

② Francisco J. Ayala. Teleological Explanations in Evolutionary Biology [J]. Philosophy of Science，1970，37 (1)：8.

③ 董国安. 进化论的结构——生命演化研究的方法论基础 [M]. 北京：人民出版社，2011：190.

繁殖率，就会出现同义反复。第三条进路将适合度作为一种倾向，企图统一前两种进路，也称适合度的倾向解释（the propensity interpretation of fitness)。这种适合度无论是被用来解释种群遗传构成的变化，还是解释个体的存在，都不会出现同义反复，但这种定义除了避免语句的同义反复之外，并不增加我们关于进化的知识，并且还会遇到一些困难，故而不被生物学家们青睐。阿耶拉只有在将适合度理解为性状与环境的关系时，其“内在的目的论系统的解释是通过自然选择作用机制而被阐明的”这一主张才有意义，但他并未明确这一点。

第四，由于目的论解释用结果来解释现象，“与演绎解释相比，目的论解释具有一个明显的弱点，即它不具有预见性”[①]。阿耶拉对目的论解释合理性的辩护并未提及预见性问题。

内格尔认为能够不损失内容地将目的论解释还原为非目的论解释，但他的还原却遇到了反例和困难。阿耶拉认为目的论解释不能被还原为非目的论解释，但在他对目的论解释自主性进行捍卫的过程中也存在问题。究其原因，是没有弄清楚这样一个问题，即生物学中是否所有的功能解释都是目的论解释，以下将对此问题展开讨论。

第二节　功能解释与目的论解释

在生物学中，并非所有的功能解释都是目的论解释，只有与目的相关的功能解释才是目的论解释。与目的相关的功能解释不能被还原为规则解释；与目的无关的功能解释也不能被还原为单纯的规则解释，必须附加一些条件。本书第三章详细分析了生物学中使用功能陈述对现象进行解释的情况，这里有必要厘清这些解释中哪些功能解释是目的论解释，哪些不属于目的论解释。

功能生物学中，用作为生物学作用的功能陈述以及作为负反馈的功能陈述来解释现象，实质上是用“因果关系＋边界条件”来解释现象。这些解释与目的无关，不属于目的论解释。进化生物学中，“许多情况下生物学家并不计较一种模型描述的机制是不是真实的进化过程，而只

---

① 黄正华. 目的论解释及其意义［J］. 科学技术与辩证法，2006，23（2）：8－13.

要求模型给出的结果与实际结果有某种同构关系”[1]。用作为生态适应的功能陈述来解释现象实质上是建立一种描述生态适应过程的模型，使得模型与现象具有一种同构关系，与目的无关，也不属于目的论解释。

在进化生物学中，还有两种与生态学适应解释不同的解释，即生物学优势解释与选择解释。一般侧重于比较研究的生物学家会使用生物学优势解释，用于解释为什么生物出现此种性状而不是其他性状；侧重于研究进化史的生物学家则使用选择解释，来阐明选择史如何影响现存特征。如何判定某特征具有生物学优势呢？通常是看拥有这个特征的有机体比缺少这个特征的类似有机体有更好的生存机会，但实际上缺少这个特征的类似有机体是不存在的，这种虚拟的比较其实质就是设定了这样一个目的——有更好的生存机会。从这种意义上来说，生物学优势解释是一种目的论解释。选择解释用过去的选择史来说明当前的特征，用自然选择来解释现象，而自然选择本身就预设了一种内在目的，故而也属于目的论解释的一种。在研究高等动物的行为心理的生物学中，用意向、目的来解释现象。如：“为什么黑猩猩将细长的树枝插入泥堆？”答曰：“这是在捕食白蚁，捕食白蚁是黑猩猩的一种意图（或目的）。”这种意向性的解释与目的相关，是一种目的论解释。但这种解释与进化生物学中的生物学优势解释、选择解释不同，前者属于外在目的论解释，而后者属于内在目的论解释。

并非所有的功能解释都是目的论解释，在生物学中只有生物学优势解释、选择解释、意向解释与目的相关，这三种解释才是目的论解释。生态适应解释实质上是建立一种描述生态适应过程的模型，使得模型与现象具有一种同构关系，与目的无关，不能算作目的论解释。使用生物学作用功能陈述以及负反馈功能陈述来说明现象的解释，实质可以还原为“因果机制＋边界条件”，这种解释也不能算作真正意义上的目的论解释。

内格尔所提到的目标归因陈述和功能归因陈述并不是目的论陈述。他将目标归因陈述描述为某个结果或一个有机体的或有机体的部分的某

---

① 董国安：进化论的结构——生命演化研究的方法论基础［M］．北京：人民出版社，2011：169.

些活动受指引的目标倾向。比如，（1）啄木鸟啄树是为了找到昆虫的幼虫；（2）动物的肾上腺交感神经器官活动的目的与胰腺的某些细胞一样是为了让血糖集中在相对小的范围内。将功能归因陈述描述为在有机体中一个给定项目或给定项目活动的作用是什么。比如，（3）一个脊椎动物的心脏膜瓣的功能是给血液循环指出方向。在他给出的这三个例子中，除了第一个例子以外，例子（2）实质上描述的是一种负反馈机制，例子（3）描述的则是一种生物学作用。（2）和（3）都不能算作目的论陈述。例子（1）似乎是一种意向性陈述，但较之人和猩猩，啄木鸟这种较低等的动物有没有意向和目的目前仍处于研究阶段，没有明确的结论，例子（1）的使用实质上是为了说明啄木鸟的喙的生物学作用——寻找昆虫的幼虫，并不算目的论陈述。内格尔对生物学中的目的论陈述进行的非目的论还原是不成功的，原因之一在于他找错了还原对象。但即便是不属于目的论解释的功能解释，在实际操作上也不可能还原为规则解释。例如用“胰腺的某些细胞维持血糖平衡”来解释“为什么汤姆有这些胰腺细胞”，并尝试将其还原为规则解释：

（1）在人体中，当血糖发生变化时，胰腺的某些细胞根据血糖的不同情况而分泌不同激素，使得人体的血糖水平得以维持平衡；

（2）汤姆的血糖发生变化；

（3）汤姆没有出现高血糖或低血糖的病症；

（4）如果人体的血糖发生变化时，没有及时得以维持平衡，人就会出现高血糖或低血糖的病症；

（5）所以，汤姆体内有这些胰腺细胞。

然而，如果汤姆符合（1）至（4）这些条件，但他被摘除了胰腺，那么此论证就不成立。要想使该论证成立，必须附加条件，即在人未被摘除胰腺的情况下，该论证才能成立。可见，即便有些功能解释不是目的论解释，也不可能还原为单纯的因果关系或机制，而是“因果机制＋边界条件”，然而这些因果关系或机制成立的条件会因解释对象的不同以及具体情况的不同而发生改变，很难穷尽所有的因果关系或机制成立的条件。所以，即使要将非目的论解释的功能解释还原为“因果机制＋边界条件”，也是存在操作困难的。

阿耶拉认为在以下三种情况下使用目的论语言是合理的："(1) 结果或目标是被主体有意识预期的…… (2) 自组织或目的论系统，即在存在一个机制的情况下，尽管有环境的干扰这个机制仍使系统达到或维持一个特定性质…… (3) 解剖学结构和生理结构表现某一功能。"[①] 按照阿耶拉对目的论语言适用范围的划分，(1) 是一种外在的目的论，是有行为主体的，并且这个行为主体是人或其他有意识的动物。(2) 和 (3) 是一种内在的目的论，内在目的论系统是通过一个严格机制过程的自然选择来阐明的。相较于内格尔，阿耶拉并没有笼统地把含有"……的功能""……的目的""为了……起见""为了……"此类表达式的陈述都算作目的论陈述，而是对目的论陈述的适用范围作了限定，在这一点上他比内格尔做得更合理。但限定 (2) 中的自组织系统可以还原为一系列因果机制如负反馈机制，而限定 (3) 实质上可以理解为生物学作用，而在功能生物学中生物学作用陈述本质上描述的就是一系列因果关系加上因果关系或机制成立的条件。(2) 和 (3) 并非必须使用目的论陈述，可见阿耶拉对目的论陈述使用范围的限定是有问题的。造成这种限定出现问题的原因之一在于，阿耶拉没有认识到并非所有与功能陈述相关的解释都是目的论解释。阿耶拉尝试通过划定目的论陈述的适用范围来捍卫目的论解释的自主性是可取的，但缺陷在于他将本该不属于目的论陈述的情况包含在了目的论陈述中。

第三节　功能解释不能还原为规则解释

包含目的论的功能解释因其预设目的，不能还原为规则解释；不包含目的论的功能解释也不能还原为规则解释，原因在于以下两个方面：

第一，功能依赖。功能解释与这样的方式相关：一个生命系统的不同性状在功能上相互依赖。功能依赖关系不是因果的，而是对什么生存的约束，这种关系不能被因果规则替代。解释性状在下列意义上依赖于被解释性状：带有解释性状的生物保持生命状态的能力将降低，如果被

---

① Francisco J. Ayala. Teleological Explanations in Evolutionary Biology [J]. Philosophy of Science, 1970, 37 (1): 9.

解释性状被其他性状代替，而被解释性状被替代时如果生物缺乏解释性状就不会有大的维持生命能力的差别。例如，具有某种体型和活力在功能上依赖于主动运输的存在，因为除去主动运输将降低具有这种体型和活力的生物的生存机会，但是，这种替代对于足够小的和不太活跃的生物的生存能力就没有多大影响。在个体层次上，功能依赖是个同步关系（体型和活动性依赖于是否具有主动运输）。这个关系不是因果的，而是对什么生存的约束：我们的宇宙是这样的，一定体型和活性的生物而又没有主动运输机制的生物是不能存活的。当然，在被解释性状与其所依赖的性状（也许运输系统世代保持是因为运输系统发育不良的个体很少活性且由于这个原因被自然选择淘汰，或者，也许在个体发育中活性的发展影响运输系统的发育）之间可以存在因果关系，但功能依赖的存在独立于生物的历史，因而也就独立于这些因果关系（如果源于不同个体发育和进化过程的相同生物，它也许存在）。

第二，不包含目的论的功能解释与规则解释所回答的内容不同。功能解释告诉我们一个生物的性状是如何适合于生存要求的。生命系统是远离热力学平衡的，而且其存在只是因为能够保持自身活性（通过使用能量）。虽然保持活性的途径有多条，但并非所有的物质结合都是。保持生命状态的系统活性精密地依赖于其组织，而这又依赖于各个部分的构成、特征和排列，以及其活动的秩序和时序。因果解释可以告诉我们一种组织形式是怎样出现的以及这些组织形式是如何导致生存能力的，却不能告诉我们为什么某种组织形式能够生存而另一些不能，也不能告诉我们某些组织形式为什么比另一些组织形式更能存活。

结　语

生物学自主性有这样两层含义：本体论层次和方法论层次。第一，在本体论层次上，它意味着生命有机体具有某种特殊本质，这与物理学的终极解释基础对等。在这层意义上捍卫生物学自主性的观点又包含新活力论（neo-vitalism）、整体论（holism）和突现论（emergence）。

1891年德国胚胎学家杜里舒（Hans Driesch）做了海胆卵发育实验，他发现在海胆卵第一次分裂后，将两个分裂球彼此分开培养，分开培养的两个分裂球都能发育成完整的胚胎。在当时，无法用机械的因果关系对这一结果作出解释，因此他认为卵隐藏着一种维持自身发育的实体，即"活力"，这种"活力"具有维持胚胎完整性并使机体自我修复和再生的能力。此后，杜里舒提倡新活力论，反对机械论，认为生命系统有一种用以维持自身的活力，这种活力无法通过物理—化学实验来直接研究。19世纪后期，法国生理学家贝尔纳（Claude Bernard）既反对机械论，也反对活力论，指出维持生命的不是"活力"，而是"内环境"稳定，内环境是相对于整体机体所处的外环境而言的。贝尔纳将生命作为一个整体进行研究，他的这一思想影响了20世纪初的生理学，使得生理学开始注重有机联系，继而出现了许多主张整体论的生理学家，如霍尔丹（John Scott Haldane）、谢灵顿（Charles Scott Sherrington）、坎农（Walter Bradford Cannon）等。整体论注重整体与部分的关系，认为组成整体的部分之间相互作用，从而形成了生命的特殊性质。霍尔丹认为："当我们发现了结构或行为的各方面是怎样参与到有机体协调而持久的生命过程中去的时候，也就获得了这些方面的生物学理解或解释，这种解释正是生物学所追求的。"① 他认为，生物学解释因其关注

① Haldane. J. S. The Philosophy of A Biologist [M]. Oxford: The Claredon Press, 1936: 80.

机体的整体性，而与物理学解释有本质上的不同。贝塔朗菲曾指出，即便是最彻底的物理—化学分析，“也不能给我们提供任何关于生命这种复杂体系中各部分及各过程之间相互协调的知识”①。19世纪末，摩尔根（L. Morgan）较为系统地阐述了突现论的思想，与整体论强调部分与整体的关系不同，突现论强调整体性质的不可预料性，更侧重于研究整体的独特性质。

第二，在方法论层次上，它意味着生物学有自主的概念、定律和方法，不能从物理—化学中推导出生物学。在方法论层面维护生物学自主性的观点又大致分为包容论、平行论和互补论。辛普森（George Goylord Simpson）主张包容论，认为“生物学是站在一切科学的中心的科学……正是在这个地方、在一切科学的所有原则都包罗进去的领域之中，科学才能真正统一起来”②。迈尔主张平行论，指出“我要彻底放弃科学统一的概念并用物理科学和生物科学这两门分开的科学来代替”③。波尔（N. Bohr）主张互补论，认为“特有的生物学规律性代表着一些自然规律，它们和用来说明无生物体的属性的自然规律之间存在着互补关系”④。这三种观点是在方法论层面捍卫生物学自主性，不再局限于在本体论层面寻找与物理化学相对立的终极解释基础。

本书正是在方法论层面捍卫生物学自主性，但与辛普森、迈尔和波尔不同的是，辛普森、迈尔和波尔是从生物学与物理—化学的关系来讨论生物学自主性的，而本书是通过讨论生物学中特有的功能语言，指出功能解释的不可替代性来捍卫生物学自主性的。

本书的第一章区分了不同的功能陈述，总结了七种生物学功能语言，即生物学作用、负反馈陈述、倾向性、生物学优势、选择效用、生态适应以及意向性陈述，认为生物学学科的多样性、解释的层次性与语境的不同决定了生物学功能陈述的多样性。此外，生物学中的功能语言有两大作用，即描述作用和解释作用。第二章围绕生物学中功能语言的

① Pi Suner，A. Classics of Biology [M]. London：Sir Isaac Pitman&Sons，LTD. 1955：315.
② 恩斯特·迈尔. 生物学思想发展的历史 [M]. 涂长晟，等译. 成都：四川教育出版社，2012：24.
③ 恩斯特·迈尔. 生物学思想发展的历史 [M]. 涂长晟，等译. 成都：四川教育出版社，2012：24.
④ N. 波尔. 原子物理学和人类知识 [M]. 郁韬，译. 北京：商务印书馆，1964：24.

描述作用展开讨论。第三章、四章、五章围绕生物学中功能语言的解释作用展开讨论。

功能语言的描述作用反映在生物学实践中就是用功能进行分类。在生物学家尚未掌握足够的系统发育知识的时候，他们有过仅仅基于功能来对生物组成部分进行分类的情况，而且这种分类后来又被证明是反映了同源关系的。但这种情况并不表明依据功能的分类是基本的。即使在今天，对生物组成部分的分类也并不完全排斥微观结构标准，例如在区分生物大分子和一些生物化学过程时，生物学家通常是根据分子的结构来分类的。尽管如此，这样的分类终究不能反映生命的进化以及生物各组成部分的历史关系，因而也就不能被看作是关于特征的基本分类。分类实践包含定义和鉴定两个环节，功能描述在多数情况下只是一种鉴定活动，而为某种生物组成部分或过程规定某种本质却是在下定义，因此，描述论与本质论不应成为直接对立的两种观点。本质主义的问题在于：用定义标准来充当鉴定标准，使得我们在不能直接观察定义的本质时无法进行鉴定活动。描述主义的问题在于：用鉴定标准来充当定义标准，从而在存在多种鉴定特征时，就会把同一个类看作多个类。

讨论功能语言的解释作用是本书的重点和难点。功能解释要么被认为遵循演绎律则模型而被归入科学解释的范畴，要么被作为“事后聪明”而被排除在科学之外。若按前一种观点，功能解释没有存在的必要；若按后一种观点，功能解释对于增进我们的知识没有什么贡献。如此一来，功能解释似乎陷入了两难之境。

第三章和第四章尝试寻求突破这种两难之境的途径，认为生物学中的功能解释不可能遵循演绎律则模型，其解释方式具有独特性。不同类型的功能解释其解释方式也不同。功能生物学中，用作为生物学作用的功能陈述以及作为负反馈的功能陈述来解释现象，实质上是用“因果机制＋边界条件”来解释现象。进化生物学中，用作为生态适应的功能陈述来解释现象实质上是建立一种描述生态适应过程的模型，使得模型与现象具有一种同构关系。在进化生物学中，还有两种与生态学适应解释不同的解释，即生物学优势解释与选择解释以及研究高等动物行为心理的生物学中的意向解释实质上是一种最佳解释推理。最佳解释推理反映了我们的认知过程，具有合理性。由于研究领域不同，可以有多种解释类型。这些解释类型之间不是相互排斥的，而是互补的。

第五章讨论功能解释的还原问题，一部分学者如内格尔主张目的论解释可以被翻译为D－N解释，但他对目的和功能等概念的定义是不恰当的，并且他所用的D－N解释本身也是有局限性的，因而他对目的论解释进行的还原也存在问题。另一部分学者如阿耶拉主张目的论解释在生物学中具有自主性，试图通过限定目的论解释的适用范围来对目的论解释的自主性进行辩护，但阿耶拉的这种辩护也存在问题：一方面，他对生物学的理解大多停留在进化生物学的层面，这致使他对目的论解释适用范围的划分出现了问题；另一方面，他忽视了某些语境下目的论解释并不增加解释力的情况。这一章以内格尔与阿耶拉关于目的论解释是否能够不损失内容地还原为非目的论的争论为切入点，分析二人各自的缺陷，认为并非所有的功能解释都是目的论解释，在生物学中只有生物学优势解释、选择解释、意向解释与目的相关。包含目的论的功能解释因其预设目的，不能还原为规则解释；不包含目的论的功能解释也不能还原为规则解释。原因在于：第一，功能解释与这样的方式相关，即一个生命系统的不同性状在功能上相互依赖。功能依赖关系不是因果的，而是对什么生存的约束。第二，功能解释与规则解释所回答问题的内容不同。功能解释不能毫无遗漏地被还原为规则解释。生物学中的功能解释具有不可替代性，这也标志着生物学不同于物理—化学，具有自主性。

本书涉及模型与现象同构的问题，事关模型与理论关系的探讨，但这并不是本书的核心问题，故只简单提及，未深入讨论，有待日后研究。此外，目的论是一个古老的哲学论题，亚里士多德曾说："若有一事物发生连续的运动，并且有一个终结的话，那么这个终结就是'目的'或'为了什么'……在自然产生和自然存在的事物中也是有目的因的……在自然过程里，如果没有障碍的话，总是一定或通常会达到目的的……显然，自然是一种原因，并且就是目的因。"[①] 亚里士多德之所以坚持目的论原则，是因为他不满机械决定论，他认为事物的内在原则就是事物目的和实现目的的手段。康德也发现单纯的机械论解释在有机

① 亚里士多德．亚里士多德全集：第二卷［M］．北京：中国人民大学出版社，2016：36－52.

领域不够用，他认为当一种因果关系不属于自然的机械作用时，事物的原因就只能是目的。神学论者将目的性理解为上帝的旨意，控制论者将目的性理解为负反馈，某些达尔文主义者将目的性理解为自然选择，系统论者用动态开放性或耗散结构、混沌吸引子等来说明目的性……目的论所涉及的目的究竟是什么？这种目的能不能被自然化？这些问题仍待研究。

参考文献

一、英文文献

A Rosenberg and M. Williams. Fitness as Primitive and Propensity [J]. Philosophy of Science，1986 (53).

A. J. Ayer. What is a Law of Nature [A]. In the Concept of a Person and other Essays [C]. London：Macmillan，1963.

Alexander Rosenberg. Causation and Teleology in Contemporary Philosophy of Science [J]. Contemporary Philosophy/A New Survey. 1982 (2).

Adrian Bardon. Reliabilism，Proper Function，and Serendipitous Malfunction [J]. Philosophical Investigation，2007 (30).

Arno G Wouters. Four Notions of Biological Function [J]. Studies in History and Philosophy of Biological and Biomedical Sciences，2003 (34).

Arno G Wouters. The Function Debate in Philosophy [J]. Acta Biotheoretica，2005 (53).

Bas C. van Fraassen. Law and Symmetry [M]. Oxford：Clarendon Press，1989.

Berent Enc. Function Attributions and Functional Explanation [J]. Philosophy of Science，1979，46 (3).

Bence Nannay. A Modal Theory of Function. Journal of Philosophy，2011 (8).

Boorse，C. On the Distinction between Disease and Illness [J]. Philosophy and Public Affairs，1975 (5).

Craigs Defancey. Ontology and teleofunctions: A defense and revision of the Systematic Account of Teleological Explaination [J]. From Synthese, 2006 (150), Springer.

Colin Allen and Marc Bekoff. Biological Function, Adaptation, and Natural Design [J]. Philosophy of Science, 1995 (62).

Carl G. Hempel. The Logic of Functional Analysis [M]. reprinted in May Brodbeck (ed.) Readings in the Philosophy of the Social Sciences, New York: Macmillan Publishers Limited, 1968.

D. Lewis. Counterfactuals [M]. Cambridge: Harvard University Press, 1973.

D. Lewis. New Work for a Theory of Universals [J]. Australasian Journal of Philosophy, 1983 (61).

D. Hull. Kitts and Kitts and Caplan on Species [J]. Philosophy of Science, 1981 (48).

Denis M. Walsh. A Taxonomy of Functions [J]. Canadian Journal of Philosophy, 1996, 26 (4).

E. Sober. The Two Face of Fitness [A]. In R. Singh, D. Paul, C. Crimbas, and J. Beatty (eds), Thinking about Evolution [C]. Cambridge: Cambridge University Press, 2001.

E. Sober. Philosophy of Biology [M]. Westview Press, 1993.

Ernst Mayr. Cause and Effect in Biology [J]. Science, 1961 (134).

Ernst Mayr. Teleological and Teleonomic, A New Analysis [J]. Philosophy of Science, 1974 (14).

Ernest Nagel. Teleology Revisited and Other Essarys in the Philosophy and History of Science [M]. New York: Columbia University Press, 1979.

F. Götmark, D. W. Winkler& M. Andersson. Flock-feeding on Fish Schools Increases Individual Success in Gulls [J]. Nature, 1986 (319).

Francisco J. Ayala. Teleological Explanations [C]. Philosophy of

Biology edited by Michael Ruse. Prometheus Books，1998.

Francisco J. Ayala. The Autonomy of Biology as a Natural Science [C]. Biology，History，and Natural Philosophy，ed. Breck and Yourgrau. New York：Plenum Press，1972.

Francisco J. Ayala. Teleological Explanations in Evolutionary Biology [J]. Philosophy of Science，1970，37 (1).

Frederick R. Adams. A Goal-state Theory of Function Attributions [J]. Canadian Journal of Philosophy，1979，9.

F. Weinert，Laws of Nature，Philosophical，Scientific and Historical dimensions [M]. Berlin，New York：Walter de Gruyter，1995.

G. C. Williams. Adaptation and Natural Selection [M]. Princeton：Princeton University Press，1966.

G. P. Wagner. The Biological Homology Concept [J]. Annual Review of Ecology and Systematics，1989 (20).

Gilbert H. Harman. The Inference to the Best Explanation [J]. The Philosophical Review，1965，74 (1).

Harold Greenstein. The Logic of Functional Explanations [J]. Philosophia，1973，3 (2—3).

Haldane. J. S. The Philosophy of A Biologist [M]. Oxford：The Claredon Press，1936.

Ingo Brigandt. Homology and the Origin of Correspondence [J]. Biology and Philosophy，2002 (17).

J. J. Smart. Philosophy and Scientific Realism [M]. London：Routledge & Kegan Paul，1963.

James Woodward，Explanation and Invariance in the Special sciences [J]. The British Journal for the Philosophy of Science，2000 (51).

James Woodward，Law and Explanation in Biology：Invariance is the Kind of Stability that Matters [J]. Philosophy of Science，2001 (68).

J. Kim，Mind in a Physical World [M]. Cambridge：The MIT

Press, 1998.

J. Kim, Concepts of Supervenience [J]. Philosophy and Phenomenological Research, 1984 (2).

J. Kim. Multiple Realization and the Metaphysics of Reduction [J]. Philosophy and Phenomenological Research, Vol1 L II, 1992.

J. Kim, Mind in a Physical World [M]. Cambridge: The MIT Press, 1998.

John Bigelow & Robert Pargetter. Functions [J]. The Journal of Philosophy, 1987, 84 (4).

John V. Canfield. The Concept of Function in Biology [J]. Philosophical Topics, 1990 (18).

Joseph Keim Campbell, Michael O' Rourke and Matthew H. Slater. Carving Nature at Its Joints: Natural Kinds in Metaphysics and Science [M]. Cambridge: The MIT Press, 2011

Karen Neander. Functions as Selected Effects: The Conceptual Analyst's Defense [J]. Philosophy of Science, 1991, 58 (2).

Karen Neander. Types of Traits: Function, Structure and Homology in the Classification of Traits [A] //André Ariew, Robert Cummins and Mark Perlman: Functions: New Essays in the Philosophy of Psychology and Biology [M]. Oxford and New York: Oxford University Press, 2002.

Lowell A. Nissen. Teleological Language in the Life Sciences [M]. Rowman& Littlefield Publishers, INC. Lanham · New York · Boulder · Oxford, 1997.

Larry Wright. Functions [J]. Philosophical Review, 1973 (82).

Michael Ruse. Functional Statements in Biology [J]. Philosophy of Science, 1971 (38).

Michael Bertrand. Proper Environment and the SEP Account of Biological Function [J]. Synthese, 2013, 190 (9).

Morton Beckner. Function and Teleology [J]. Journal of the History of Biology, 1969 (2).

Mary B. Williams. The Logic of Functional Explanations in Biology [J]. Proceedings of the Biennial Meeting of the Philosophy of Science Association, 1976 (1).

Mark Bedau. Can Biological Teleology be Naturalized [J]. The Journal of Philosophy, 1991 (88).

Michael E. Ruse. Functional Statements in Biology [J]. Philosophy of Science, 1971 (38).

Mohan Matthen and A. Ariew. Two Ways of Thinking about Fitness and Natural Selection [J]. Journal of Philosophy, 2002, 99 (2).

M. T. Ghiselin. A Radical Solution to the Species Problem [J]. Systematic Zoology, 1974 (23).

N. J. Block, J. A. Fodor. What Psychological States are Not [J]. The Philosophical Review, 1972, 81 (2).

Nelson Goodman. Ways of Worldmaking [M]. Cambridge: Hackett Publishing Company, 1978.

Paul Edmund Griffiths. Functional Analysis and Proper Function [J]. Philosophy of Science, 1993 (44).

Paul Edmund Griffiths. Cladistic Classification and Functional Explanation [J]. Philosophy of Science, 1994, 61 (2).

Paul Edmund Griffiths. Function, Homology and Character Individuation [J]. Philosophy of Science, 2006, 73 (1).

Paul R. Thagard. The Best Explanation: Criteria for Theory Choice [J]. The Journal of Philosophy, 1978, 75 (2).

Peter Mclaughlin. What Functions Explain: Functional Explanation and Self-reproducing Systems [M]. Cambridge: Cambridge University Press, 2001.

Putnam, H. Mind, Language and Reality [M]. Cambridge: Cambridge University Press, 1975.

Peirce C. S. Collected Papers of Charders Peirce [M]. Cambridge: Harvard University Press, 1958.

Pi Suner, A. Classics of Biology [M]. London: Sir Isaac Pitman&Sons, LTD, 1955.

R. Brandon. Adaptation and Environment [M]. Princeton: Princeton University Press, 1990.

R. Brandon, J. Beatty. The Propensity Interpretation of "Fitness" [J]. Philosophy of Science, 1984 (51).

Richard N. Manning. Biological Function, Selection, and Reduction [J]. The British Journal for the Philosophy of Science, 1997 (48).

Robert Cummins. Functional Analysis [J]. The Journal of Philosophy, 1975 (72).

Robert Cummins. The Nature of Psychological Explanation [M]. Cambrige: The MIT Press, 1983.

Roger Faber. Clockwork Garden: On the Mechanistic Reduction of Living Things [M]. Amherst: University of Massachusetts Press, 1986.

Rolf Gruner. Teleological and Functional Explanations [J]. Mind, New Series, 1966, 75 (300).

Ruth Garrett Millikan. Language, Thought and other Biological Categories: New Foundations for Realism [M]. Cambridge: The MIT Press, 1984.

Ruth Garrett Millikan. An Ambiguity in the Notion "Function" [J]. Biology and Philosophy, 1989 (4).

Ruth Garrett Millikan. In Defense of Proper Functions [J]. Philosophy of Science, 1989 (2).

Ruth Garrett Millikan. Propensities, Exaptations, and the Brain [A] // Millikan, Ruth Garrett: White Queen Psychology and Other Essays for Alice [C]. Cambridge: The MIT Press, 1993.

Rolf Sattler. Biophilosophy, Analytic and Holistic Perspectives [M]. Berlin Heidelberg: Springer-Verlag Berlin Heidelberg, 1986.

Susan K. Mills and John H. Beatty. The Propensity Interpretation of

Fitness [J]. Philosophy of Science, 1979 (46).

Schiefsky, Mark Jone. Galen's Teleology and Functional Explanation [J]. Oxford Studies in Ancient Philosophy, 2007 (33).

S. J. Gouldand R. C. Lewontin. The Spandrels of San Marco and the Panglossian Paradigm: A Critique of the Adaptationist Programme [M]. In E. Sober, Conceptual Issues in Evolutionary Biology. Cambridge: The MIT Press, 1979.

Stephen Jay. Gould & Elisabeth S. Vrba. Exaptation—A Missing Term in the Science of Form [J]. Paleobiology, 1982, 8 (1).

Tania Lomobrozo, and Susan Carey. Functional Explanation and the Function of Explanation [J]. Cognition, 2006 (99).

Ulrich Krohs. Functions as based on a Concept of General Design [J]. From Synthese, 2009 (166), Springer.

William C. Wimsatt. Teleology and the Logical Structure of Function Statements [J]. Studies in History and Philosophy of Science, 1972, 3 (1).

二、中文文献

(一) 学术著作

《自然辩证法研究通讯》编辑部. 控制论哲学问题译文集：第一辑[M]. 北京：商务印书馆，1965.

N. 波尔. 原子物理学和人类知识 [M]. 郁韬，译. 北京：商务印书馆，1964.

N. R. 汉森. 发现的模式 [M]. 邢新力，周沛，译. 北京：中国国际广播出版社，1988.

彼得·利普顿. 最佳说明的推理 [M]. 郭贵春，王航赞，译. 上海：上海科技教育出版社，2007.

达尔文. 物种起源 [M]. 北京：商务印书馆，2009.

董国安. 进化论的结构——生命演化研究的方法论基础 [M]. 北京：人民出版社，2011

董国安. 生物学哲学 [M]. 哈尔滨：哈尔滨出版社，1998.

恩斯特·迈尔. 生物学思想发展的历史 [M]. 涂长晟，等译. 成都：四川教育出版社，2012.

高新民，储昭华. 心灵哲学 [M]. 北京：商务印书馆，2002.

亨普尔. 自然科学的哲学 [M]. 张华夏，译. 北京：中国人民大学出版社，2006.

江天骥. 归纳逻辑导论 [M]. 长沙：湖南人民出版社，1987.

康德. 判断力批判 [M]. 邓晓芒，译. 北京：人民出版社，2001.

克里普克. 命名与必然性 [M]. 梅文，译. 上海：上海译文出版社，2005.

米勒. 开放的思想和社会——波普尔思想精粹 [M]. 张之沧，译. 南京：江苏人民出版社，2000.

内格尔. 科学的结构 [M]. 徐向东，译. 上海：上海译文出版社，2002.

欧阳康. 当代英美著名哲学家学术自述 [M]. 北京：人民出版社，2005.

孙振钧，王冲. 基础生态学 [M]. 北京：化学工业出版社，2007.

维纳. 控制论［M］. 郝季仁，译. 北京：科学出版社，1962.

亚里士多德. 亚里士多德全集：第二卷［M］. 北京：中国人民大学出版社，1991.

（二）学术论文

埃德蒙德·鲁塞尔，孙岳. 进化史学前景展望［J］. 全球史评论（第四辑），2011（12）.

陈晓平. 从心身问题看功能主义的困境［J］. 自然辩证法研究，2006，22（12）.

陈晓平. 大奔赌定理及其哲学意蕴［J］. 自然辩证法通讯，1997（2）.

陈晓平. 还原模型与功能主义——兼评金在权的还原的物理主义［J］. 自然辩证法通讯，2011，33（4）.

陈晓平. 下向因果与感受性——兼评金在权的心—身理论［J］. 现代哲学，2011（1）.

董国安. 论个体性状的完全因果解释［J］. 自然辩证法研究，2012（1）.

董国安. 生物学解释的限度［J］. 自然辩证法研究，1999，15（2）.

董国安. 生物学中的目的论与赝功能解释［J］. 哈尔滨师专学报，1999（3）.

侯旎，顿新国. 利普顿最佳说明推理探析［J］. 重庆理工大学学报（社会科学版），2011，25（11）.

黄翔. 里普顿的最佳说明推理及其问题［J］. 自然辩证法研究，2008，24（7）.

黄正华. 目的论解释及其意义［J］. 科学技术与辩证法，2006，23（2）.

黄正华. 心的科学认识何以可能？——从功能主义看心身问题［J］. 自然辩证法研究，2007，23（3）.

李建会. 功能解释与生物学的自主性［J］. 自然辩证法研究，1991，7（9）.

李建会. 目的论解释与生物学的结构［J］. 科学技术与辩证法，

1996，13（5）.

李金辉. 科学解释的语境相关与生物学解释的多样性［J］. 哈尔滨师专学报，2000，21（4）.

李金辉. 生物学解释模式的语境分析［J］. 自然辩证法通讯，2010，32（187）.

邢新力. 汉森与《发现的模式》［J］. 自然辩证法通讯，1988（2）.

严锋，等. 新发现［J］. 上海文艺出版集团《新发现》杂志社，2012，12.

赵斌. 生物学中的功能定义问题研究［J］. 山西大学学报（哲学社科版），2012，35（6）.

三、网站

http://www.wiki8.com/DNA_42809/.

http://zh.wikipedia.org/.

后记

博士毕业至今已五年有余，回顾这五年，收获与遗憾参半。

收获的是建立了家庭、有了活泼健康的孩子，虽然一波三折但还是曲线实现了自己当初的职业愿望；遗憾的是失去了亲爱的奶奶和尊敬的恩师。我想，人大概就是在得失之间才学会珍惜与成长，才能体会人生百味。

从教三年多以来，我曾疲于应付各种检查和备课，我怀疑过自己当下的状况是不是与当初的选择相背，但当面对讲台下表面顽劣但内心有所期待的学生时，当通过自己的努力看到学生们有所收获时，我坚定了自己选择，也理解了恩师生前从教生涯的不易与荣耀。

回忆当年在论文写作思路受阻时，恩师董国安教授的点拨与指导总能令我豁然开朗；在我怀疑自己、踌躇、浮躁时，恩师温和的开导总能点醒迷茫中的我；在我沉醉于已有的小成功时，恩师会提醒我学术之路很长，抓紧赶路，前路才会有更多惊喜。恩师在学术上的严谨与勤奋，让我深刻认识到何为学术以及如何做学术；恩师面对生活的淡然与豁达，总能让浮躁中的我回归平静，脚踏实地向自己的目标迈进。感谢师恩，只是现在已无法再当面致谢与请教问题，每每想到这里，心中总有遗憾。

虽已从华南师范大学哲学所毕业五年有余，但至今我还是很怀念在哲学所求学的那段日子。恩师对我学习上、生活上、思想上的指点和教导，颜泽贤教授的沉稳与睿智，范冬萍教授的积极、热情和干练，陈晓平教授的幽默与儒雅，于奇智教授的乐观与风趣，都将令我一生受益。哲学所里精彩的讲座、与同窗思维的碰撞、朋友间的鼓励、图书馆里安静又忙碌的氛围……至今仍历历在目。良师益友以及内心的成长是我那段日子里最宝贵的收获。

本书是我前期学习、研究的成果，也是恩师对我指导和督促的留念。恩师一生治学严谨、心胸豁达，对学生严格却不失慈爱，对教育事业兢兢业业，对学术研究执着勤恳。他曾给研究生的寄语，今天读来仍能诠释身为学者那种崇高不媚俗的风骨。

……研究生们的生活怎样能充满阳光？这里恐怕还是需要说那句被许多人认为是不实际、不实在的话——树立崇高的理想，让这崇高的理想照亮我们的生活。我这里说的崇高理想，应当是“健康的理想，发自内心的理想，来自本国人民的理想”（季米特洛夫），而不是个人所追求的某种安逸生活。“我从来不把安逸和快乐看作生活目的本身——这种理论基础，我叫它猪栏的理想。”（爱因斯坦）有些人很有志向，想在将来能当上大企业家，甚至是一个亿万富翁。但这不是崇高的理想。崇高与个人名利的得失无关，而是由这一志向与祖国、人民以及人类的长远目标相联系来定义的。崇高的理想，才能给我们带来明快的生活。

当代研究生们的崇高理想一定是与伟大的中国梦、与全人类的解放相联系的。研究生们要把读书、从事学术研究等看作是在为将来建设祖国做准备，是在增添为人民服务的本领，是在为全人类解放的道路进行探索，而不能把这看成是在积累获得个人名利的资本。心底无私天地宽！只要有了这样的崇高理想，由名利追逐所带来的一切烦恼也就消失了，生活中就充满了阳光。……

——摘自董国安教授 2015 年给研究生的寄语

借恩师的寄语与所有想要从事研究与正在从事研究的人共勉。每当我们遇到困难或有所懈怠时，请牢记初心，清空杂念，轻装前行！

感谢恩师及华南师范大学哲学所的培养，感谢我的家人在我失落时陪伴我，为我提供精神和物质的支持；感谢我的朋友们在我脆弱时听我唠叨，在我困难时伸出援手；感谢湖北文理学院马克思主义学院对本书的出版资助，感谢学院领导以及同事们的关心。本书的撰写因选题难度大，加之本人能力及时间有限，书中难免会存在疏漏与不足，恳请学界同仁批评指正。书中有些内容已在刊物上发表，特此说明。

写这篇后记之时，也是 2020 年新型冠状病毒肆虐神州大地之时，武汉是疫情的暴风口，从2019年底疫情爆发到目前，无数的医疗工作者、社区工作者、警察、环卫工人、物业人员、志愿者奋战在疫情一线，他们舍小家为大家，成为最美“逆行者”，向“逆行者”致敬！在这次疫情面前，国民守望相助、国家倾尽全力、国际慷慨捐赠，众志成城，定能战胜疫情。

愿阴霾早日散去，待阳光灿烂，耀我神州！

喻莉姣

2020年2月于襄阳家中